国家社科基金
GUOJIA SHEKE JIJIN HOUQI ZIZHU XIANGMU
后期资助项目

知道者悖论
及其解决方案研究

A Study of the Knower Paradox and Its Solutions

雒自新 著

中国大百科全书出版社

图书在版编目（CIP）数据

知道者悖论及其解决方案研究 / 雒自新著. -- 北京：
中国大百科全书出版社，2025.6. -- ISBN 978-7-5202
-1929-7

Ⅰ. B81-05

中国国家版本馆 CIP 数据核字第 2025S1A877 号

责任编辑	王婵红	
责任印制	魏　婷	
出版发行	中国大百科全书出版社	
地　　址	北京阜成门北大街 17 号	
邮政编码	100037	
电　　话	010-68363660	
网　　址	http://www.ecph.com.cn	
印　　刷	河北鑫玉鸿程印刷有限公司	
开　　本	710 毫米 × 1000 毫米　　1/16	
印　　张	9.75	
字　　数	190 千字	
版　　次	2025 年 6 月第 1 版	
印　　次	2025 年 6 月第 1 次印刷	
书　　号	ISBN 978-7-5202-1929-7	
定　　价	65.00 元	

国家社科基金后期资助项目

出版说明

  后期资助项目是国家社科基金设立的一类重要项目，旨在鼓励广大社科研究者潜心治学，支持基础研究多出优秀成果。它是经过严格评审，从接近完成的科研成果中遴选立项的。为扩大后期资助项目的影响，更好地推动学术发展，促进成果转化，全国哲学社会科学工作办公室按照"统一设计、统一标识、统一版式、形成系列"的总体要求，组织出版国家社科基金后期资助项目成果。

全国哲学社会科学工作办公室

目　　录

内容提要

　　哲学的基本问题源自人类对宇宙的直觉理解所存在的困难，这种困难的极端形式就是悖论。发端于古希腊神话之谜的悖论是哲学发现的开始，迫使人们重新考虑某些原来认为是不言而喻的常识。通过无意中发现一个悖论，人们可以发现原来看似最平淡无奇的自明之理实际上是错误的。悖论凸显了维系人类日常直觉知识之间必要张力的暂时缺失，从而引导人类运用理性去探索寻求新的张力。哲学史的发展也确实证明了这一点，以悖论为线索甚至可以写出整部西方哲学史。"悖论引出了一系列重大的哲学争论，悖论的解决则开阔了哲学知识的视野。"①

　　古老的芝诺悖论对运动和时空的连续性与不可分性的直觉理解提出了严峻挑战，进而开启了人类对"无穷"的探索。20世纪初发现的罗素悖论将弗雷格把数学还原为逻辑从而为数学奠定永恒基础的美梦化为乌有，从而诱发了基础数学与数学哲学领域一系列重大发现，为人类智慧的宝库增添了新的耀眼财富。然而，自从20世纪30年代初哥德尔不完全性定理公之于世，宣告了为公理化集合论寻找绝对相容性支柱之目标的虚妄之后，悖论研究的中心，逐渐从以罗素悖论为主要代表的集合论-语形悖论转移到以说谎者悖论为主要代表的语义悖论。

　　在过去的大约26个世纪里，说谎者悖论这一千古难题吸引了一代又一代的研究者们为之殚精竭虑。这是因为该悖论以最为简洁的形式揭示出人们对"真理"（truth）这一关乎人类理性的基本概念之直觉理解背后隐藏着令人难以容忍的矛盾。从古代到中世纪，再到现当代，对说谎者悖论持续不断的研究取得了丰硕成果，新的解悖方案以及由之所触发的关于"真理"的新理论不断涌现，极大加深了人类对真理概念的认识。然而可以预言，在今后相当长一段时间里，说谎者悖论仍将是一个对哲学家们充满吸引力的难题。

　　从20世纪中后期以来，虽然对说谎者悖论的深入研究势头未减，但

---

① Olin D., *Paradox*, Chesham: Acumen Publishing Limited, 2003: 1.

对一些新型悖论的研究也在西方逻辑与哲学界得到了越来越多的关注，甚至已经延伸到了计算机与人工智能等应用领域。其中的典型代表是蒙塔古（R. Montague）和卡普兰（D. Kaplan）于 20 世纪 60 年代早期为"知识"这一重要哲学概念所构造出的知道者悖论。众多哲学家与逻辑学家多年反复推敲表明，知道者悖论所依赖的直觉与逻辑两方面的力量，都不亚于说谎者悖论，因此知道者悖论越来越得到人们的广泛关注。

本书是关于知道者悖论（Knower Paradox）的专题逻辑思想史和逻辑哲学方面的研究成果。全书在把握国内外有关知道者悖论研究成果的基础上，运用当代悖论研究方法论的最新成果，开展关于知道者悖论解悖方案及其应用的系统性审思。基于逻辑悖论的语用学概念，本书详尽梳理代表性解悖方案的来龙去脉，评析其成就与问题，试图为以往丰富而繁杂的研究理出一条明晰的线索。在此基础上，详尽探讨知道者悖论研究与相关重大逻辑与哲学问题研究之间的深刻内在关联。全书共分五章：

第一章探讨关于悖论的一般理论，这是研究知道者悖论的理论基础。通过引入恰当的悖论定义，回答如下一般性问题：什么是悖论？如何对悖论进行分类？悖论度是什么？怎样研究悖论？进而从悖论价值的角度论证，对悖论的研究，并不一定非要解决悖论。

第二章在仔细梳理知道者悖论来龙去脉的基础上，着重区分了狭义知道者悖论与广义知道者悖论，旨在澄清概念，进而详尽探讨了知道者悖论与说谎者悖论之间的关系：首先，知道者悖论是独立于说谎者悖论而存在的另一类悖论；其次，两者起源类似、形式上同构，但两者各自的哲学意涵有本质差别。

第三章是对狭义知道者悖论代表性解悖方案的专题研究。本章从 RZH 解悖标准这种新的视角出发，对代表性解悖方案的成就与不足给出了新颖的评价，并基于梳理与评价总结出了狭义知道者悖论解悖方案的两大特征：一是与说谎者悖论解悖方案相对应，二是从语境迟钝到语境敏感。

第四章是对广义知道者悖论及代表性解悖方案的专题研究。首先比较广义知道者悖论的不同形式刻画，然后详细探究了突出广义知道者悖论特征的反"持久性"方案、模糊性方案和博弈论方案，主要从 RZH 解悖标准出发，对这些解悖方案进行评析，反驳了威廉姆森提出的模糊性方案，着重对博弈论方案给出进一步辩护。

第五章探讨知道者悖论研究与认识论、认知逻辑、命题态度疑难以及广义认知悖论等逻辑与哲学问题之间的内在关联，着重探讨知道者悖论的研究对解决这些问题的启发作用。

第一章　关于悖论的一般理论

从人类开始关注自身的理性思维开始，悖论就成为哲学探讨的主题。19 世纪末至 20 世纪初所发现的以罗素悖论为代表的一系列集合论–语形悖论更是深刻地影响到了逻辑与数学的基础。经过一个多世纪的演化，人们对悖论的认识经历了从视之为理智的"灾难"到认知变革的"杠杆"的重大转变，并逐步形成了一个内涵丰富、辐射广泛的跨学科交叉研究领域。

然而，一方面由于悖论问题历史悠久，另一方面由于悖论问题的复杂性，虽然自 20 世纪初发现罗素悖论以来对悖论的研究呈现出井喷式状态，但目前的研究显得非常散乱。究其原因在于，研究者们对于悖论的一般理论缺乏自觉的认识。因此，本书首先探讨关于悖论的一般理论，然后再在这些一般理论的指导之下展开对知道者悖论及其解决方案的具体研究。

第一节　悖论的定义与基本性质

在现代社会，"悖论"是一个使用频率很高的用语，比如现代性悖论、幸福悖论等。实际上，汉语中的"悖论"一词是英文单词 paradox 的翻译。而 paradox 这个词是由 para 和 doxa 两个希腊词合成的，前者表示"超越"，后者的意思是"信念"，这两个希腊词合在一起是"令人难以置信"的意思。由此可见，"悖论"的字面含义是指荒谬的理论或自相矛盾的话。日常生活中该词的意思即此。但是，学术研究中的悖论与日常生活中的悖论很不相同。即使在学术研究内部，对"悖论"一词的使用也有所不同，直接的表现是，在关于悖论的一般研究著作中所讨论的悖论不尽相同。比如，索伦森（R. A. Sorensen）所著的《悖论简史》一书探讨了 29 个悖论，塞恩斯伯里（R. M. Sainsbury）在《悖论（第三版）》中研究了 29 个悖论，克拉克（Michael Clark）则在他的专著《悖论：从 A 到 Z（第三版）》中给出了 93 个悖论，更多地，雷歇尔（Nicholas Rescher）在其所著《悖论：根源、范围及其消解》一书中讨论了 146 个悖论。

导致上述现象的根本原因在于，不同的学者对悖论的界定不同，如果采用包容性较强的定义，则满足该定义的悖论就多一些，如果相反的话，满足该定义的悖论就少一些。因此，悖论的定义是研究悖论的出发点。

一、悖论的定义

关于悖论的准确定义是一个有争议的问题，在学界有各种各样的看法。其中有代表性的首先是 20 世纪著名哲学家蒯因（W.V. Quine）对悖论给出的如下定义：

> 一个二律背反通过推理的可接受方式产生了一个自相矛盾。这产生了如下结果：一些不言而喻并且值得信任的推理类型必须被明确化，并且从今以后必须被避免或者修正。[①]

蒯因的上述定义揭示出了在悖论当中会有一个矛盾出现。相比之下，欧琳（D. Olin）的如下定义显得简洁一些：

> 一个悖论是一个论证，在其中似乎有从真前提到假结论的正确推理。[②]

该定义指明了悖论当中包含一个论证，也就是说，悖论并不是随便想的某一句话。既然是论证，就不可避免地包含论证的主体，也就是认知主体。更为简洁的是吴考其（P. Łukowski）的定义：

> 悖论是一种思想建构，它导致了一个意料之外的矛盾。[③]

该定义揭示出了悖论存在于人的思想当中，这里同样强调的是认知主体。

而塞恩斯伯里给出的如下定义相对来说更为完整：

> 我所理解的悖论是这样的：从明显可接受的前提出发，通过明

---

① Quine W. V., *The Ways of Paradox and Other Essays*, Cambridge: Harvard University Press, 1976: 5.

② Olin D., *Paradox*, Chesham: Acumen Publishing Limited, 2003: 6.

③ Łukowski P., *Paradoxes*, Berlin: Springer, 2011: 1.

显可接受的推理，得到一个明显不可接受的结论。①

该定义大致勾勒出了一个悖论所包含的三个主要部分，即前提、推理以及结论。另外，该定义还引入了一个极具启发意义的词"明显可接受"。

比较悖论的这些代表性定义可以发现，一般来说悖论有如下特征：首先，悖论当中包含一个矛盾性的结论；第二，悖论不是单独的一句话，而是一个系统性的东西，比如一个论证或者一种建构；第三，悖论所涉及的推理与其前提看上去都是正确的；第四，悖论并不存在于客观世界中，而是存在于人的信念系统中。因此，综合上述几点，本书认为如下定义最为恰当：

> 逻辑悖论指谓这样一种理论事实或状况，在某些公认正确的背景知识之下，可以合乎逻辑地建立两个矛盾语句相互推出的矛盾等价式。②

该定义表明，构成严格意义的逻辑悖论所必不可少的三要素是：（1）公认正确的背景知识；（2）能够建立矛盾等价式；（3）严密无误的逻辑推导。其中，"能够建立矛盾等价式"是悖论的形式要素，在这里要强调的是矛盾语句间的"互推"。"无误的推导"是对悖论"逻辑性"的要求，正如雷歇尔所言，"真正的悖论中的推理必须是令人信服的"③，"悖论不是推理错误的结果，而是实质上的缺陷：认可对象的不一致"④。

该定义的核心在于要素（1），即"公认正确的背景知识"，不只包括推导的前提，还包括认知共同体所使用的逻辑。这里的着重点在"公认"上，应该合理地理解为"特定认知共同体的公共信念"⑤。"公共信念"即大家都相信的东西。于是，悖论本质地相对于认知共同体，本质地相对于认知主体。也就是说，我们无法孤立地谈论悖论，一提及悖论，就本质地涉及对应的认知主体或者认知共同体。换言之，悖论得以建构的前提是被一定的认知共同体所公认的。因此，该要素决定了悖论是一个语用学概念。

---

① Sainsbury R. M., *Paradoxes (3rd ed)*, Cambridge: Cambridge University Press, 2009: 1.

② 张建军：《逻辑悖论研究引论（修订本）》，北京：人民出版社，2014：8。

③ Rescher N., *Paradoxes, Their Roots, Range, and Resolution*, Chicago: Open Court Publishing Company, 2001: 6.

④ Ibid: 6–7.

⑤ 张建军：《再论"广义逻辑悖论"的基本构成要素——兼答陈波、王天恩教授》，《南国学术》2018年第1期，第36–37页。

综上所述，悖论作为一种理论事实或者状况，是由三要素共同决定的。所谓"理论事实或者状况"是指在特定信念系统中存在的事实或状况①。换言之，理论事实是在一个特定信念系统中的存在，而不是在纯客观的对象世界中的存在，没有信念的系统一定没有悖论。也就是说，悖论是一件本来就存在于信念系统中的"事情"。这种事实是一种系统性存在物，再简单的悖论也必须从具有主体间性的公共信念经逻辑推导构造而来，因而又可称为"理论状况"。上述第二要素之所以用"能够建立矛盾等价式"的说法，不只是因为悖论的实际的语言表述中矛盾等价式未必出现而经常用推出逻辑矛盾的形式表达，而且因为"能够建立矛盾等价式"的性质在悖论被发现以前就已内蕴于特定认知共同体的公共信念之中。

要准确理解悖论这一概念，还要将悖论与以下几个概念作出正确的区分：悖论的拟化形式（Imitation of Paradox）、半截子悖论、悖论性语句、佯悖（Pseudo-Paradox）。所谓"悖论的拟化形式"是指具有悖论的结构特征，但其推导所依据的前提并非"公认正确的背景知识"的情况，例如"理发师悖论"。所谓"半截子悖论"是指不能建立矛盾等价式的情况，例如亚里士多德指出"一切言论皆假"自相矛盾，古印度学者认为"一切言皆妄"自语相违，以及我国先秦典籍《墨经》中说"以言为尽悖，悖，说在其言"，都是说由某语句的真可以推出其假，但反之不然，因而它们都是半截子悖论。所谓"悖论性语句"是指在悖论构造中可以作为矛盾等价式前件或者后件出现的语句。矛盾等价式的得出并不以悖论性语句为"前提"。而"佯悖"则是指尽管符合前两个要素的要求，但违反"严密无误的逻辑推导"的要求而内含逻辑错误的所谓"悖论"。综上所述，这四种情况都不能满足（至少不能同时满足）悖论的"三要素"，所以它们与悖论之间是有本质区别的，必须予以严格区分。

二、悖论的基本性质

从本书所赞同的悖论定义，可以自然而然地引申出悖论所具有的三条基本性质。

一是相对性。根据要素（1），任何一个悖论都是相对的，相对于具体认知共同体的背景知识、也就是公共信念系统而言的。也就是说，脱离具体的认知共同体而绝对地谈论悖论是没有意义的，更不存在纯粹私人性的

---

① 所谓"状况"即情境，是事态的集合。理论事实的例子：形式算术中存在不可判定命题。

悖论。蒯因所说的"一个人的二律背反可以是另一个人的真实的悖论，而一个人的真实的悖论可以是另一个人的陈词滥调"[①]，可以合理地理解为强调了悖论的相对性。以著名的乌鸦悖论为例可以很好地说明这种相对性。对于归纳假说"所有乌鸦都是黑的"（记作 H）来说，要知道它是否得到了确证，需要知道它是否获得确证性证据。根据"尼科德确证标准"[②]，H 的确证性证据是黑乌鸦。同理，另一个归纳假说"所有非黑的东西都是非乌鸦"的确证性证据是非黑的非乌鸦。很显然，这两个假说在逻辑上是等值的，于是根据确证的"等值标准"（即确证两个等值假说中的一个也确证另外一个）可得，非黑的非乌鸦就应该确证"所有乌鸦都是黑的"。然而另一方面，根据尼科德标准，非黑的非乌鸦与 H 不相干，从而不确证它。这样，非黑的非乌鸦既确证又不确证同一个假说 H。也就是说，运用尼科德标准和等值条件，可以很容易地构造如下这样一个矛盾等价式："非黑的非乌鸦确证 H"为真 ↔ "非黑的非乌鸦确证 H"为假。在乌鸦悖论当中，背景知识之一的尼科德标准，只为如同亨普尔（C. G. Hempel）那样的科学哲学家共同体所公认，因此该悖论只是相对于这样的科学哲学家共同体而言的。对于其他认知共同体，不一定把尼科德标准公认为正确。

二是根本性。根据"严密无误的逻辑推导"要素，悖论中矛盾等价式的建立有着充分的依据，借用科学哲学的术语说，悖论是一种关于公共信念系统所产生的"反常事物"。如果在一个理论系统当中找到了悖论，那么就触及了该理论的"硬核"。也就是说，因为逻辑悖论是基于特定的认知共同体的，所以发现它必须是对该共同体的基础公共信念的一种挑战。最典型的例子就是说谎者悖论。真与假是人们日常生活中经常使用的词，人们默认对这两个词的认识是没有问题的，然而，千古疑难说谎者悖论以最为简洁的方式近乎无可辩驳地昭示出，人们对真理概念的公共信念背后隐藏着矛盾。这种挑战是根本性的。

三是可解性。虽然根据本书所认同的定义所界定出来的悖论是一类得到严格刻画的难题，至今很难说哪个悖论得到了圆满的解决，但是现在没有解决并不意味着永远不可能解决，也就是说，没有永恒的悖论，正如蒂

[①] Quine W. V., *The Ways of Paradox and Other Essays*, Cambridge: Harvard University Press, 1976: 12.

[②] 所谓"尼科德确证标准"是指如下规则：对于"所有 F 都是 G"这样一个假说，如果 $Fa \wedge Ga$，那么 a 是该假说的一个确证性证据；如果 a 不具有 F 属性，那么它与该假说不相干。

莫西·威廉姆森（Timothy Williamson）所言，"'悖论'这个词本身并不意味着不可解"[①]。根据悖论的语用学属性，一个真正的悖论的解决必须意味着一个共同体的某些基础信念必须被修正。这种修正当然是困难的，通常需要经历一个长的时间而达到该共同体的共识。正因为如此，我们可以说，逻辑悖论的发现和解决是人类信念系统的重大变革与发展的标志。如果不存在不可修正的信念，那么就不可能有任何不可解的"永恒的"悖论。信念是可以修正的，因此，当然就不存在不可解的悖论。解悖就是对认知共同体的公共信念系统进行修正。

第二节　悖论的分类与悖论度

一般来说，科学研究是从分类开始的。因此对悖论进行进一步研究，首先需要对其进行合理分类。

一、悖论的分类

从分类学的角度看，要对一个事物进行分类，就要选取恰当的分类标准。如前所述，在悖论三要素中，"公认正确的背景知识"这一要素居于核心地位，它不仅决定了悖论的语用学本质，而且也是对悖论进行合理分类的恰当标准。具体而言，可以根据"特定认知共同体"范围之大小而对悖论给出一种合理的分类。

范围最大的认知共同体就是所有日常进行合理思维的正常人，所对应的是狭义逻辑悖论。也就是说，狭义逻辑悖论是指这样一种理论事实或状况，从日常进行合理思维的正常人的公共信念出发，经过严密无误的逻辑推导，可以建立两个矛盾语句相互推出的矛盾等价式。如果把认知共同体的范围缩小到哲学家群体，对应的就是哲学悖论；如果缩小到科学家群体，对应的就是科学悖论。也就是说，按照悖论的建构所依据的"公认正确的背景知识"的不同，符合三要素标准的悖论可以划分为狭义逻辑悖论、哲学悖论与科学悖论这三大类。

狭义逻辑悖论是当代西方逻辑学与逻辑哲学界在"逻辑悖论"名义下所研究的主要对象。所谓"狭义逻辑悖论"是指其由以导出的背景知识都是日常进行合理思维的理性主体所能普遍承认的公共知识或预设，而且均可通过现代逻辑语形学、语义学与语用学的研究而得到严格的塑述与刻

---

① Williamson T., *Knowledge and Its Limits*, Oxford: Oxford University Press, 2000: 135.

画，其推导可以达到无懈可击的逻辑严格性。可以根据其由以导出的"公认正确的背景知识"的所指层面本质地涉及什么，而将狭义逻辑悖论进一步分为语形悖论、语义悖论和语用悖论这三大类。

语形悖论（即通常所谓"集合论悖论"或"集合论–语形悖论"）不涉及语义概念，它所使用的概念都可塑述为逻辑本体概念，即个体词、谓词、量词以及联结词等逻辑词汇（即逻辑常项）。语形悖论的主要成员有"康托尔最大序数悖论""康托尔最大基数悖论"等，其中的典型代表是著名的"罗素悖论"。该悖论所由以导出的公认正确的背景知识除经典逻辑之外还包括：（1）概括规则，即任一特征性质都可以定义一个集合；（2）任一集合都可作为另一个集合的元素。由概括规则可以构造集合 $\{x \mid x$ 是非自属集$\}$①。又根据背景知识（2），现在可以问：以上集合是否属于自己？得到的结论是：它属于自己，当且仅当它不属于自己。于是就得到了一个矛盾等价式，悖论得以建构。

与语形悖论不同，语义悖论本质地涉及"真""假""描述""可满足"等语义概念，包括"说谎者悖论"及其变体、"理查德悖论"、"格里林悖论"、"拜里悖论"等，其中最重要的代表是古老的"说谎者悖论"。说谎者悖论由以导出的公认正确的背景知识除经典逻辑之外还包括：（1）语义封闭性；（2）T模式："p"是真的，当且仅当 p。由语义封闭性可以构造合法语句 L：L 为假。由 T 模式得：L 是真的，当且仅当 L 为假。于是得到了矛盾等价式，悖论由此建构。

语用悖论则是从语义悖论研究中分离出来的，语用悖论主要包括以知道者悖论为代表的认知悖论和以盖夫曼–孔斯悖论为代表的合理行动悖论②。由于本书所研究的知道者悖论就属于语用悖论，所以这里不再赘述，留作后面详细探讨。这里需要注意的是，不能把语用悖论与"逻辑悖论是一个语用学概念"混为一谈。凡符合三要素标准的任何严格意义的逻辑悖论的出现都是一种语用现象，而语用悖论则只是狭义逻辑悖论的一个子类。

---

① 所谓"非自属集"是指不属于自身的集合。例如，太阳系行星的集合本身不是一颗行星，柳树的集合本身不是一棵柳树，人的集合本身不是一个人，等等，它们都不能成为自身的一个元素。对应地，所谓"自属集"是指属于自身的集合。例如，所有集合所组成的集合本身也是一个集合，所有非人的东西组成的集合也是非人的东西，等等，它们都可以成为自身的一个元素。以 ZFC 与 NBG 系统为代表的现代公理化集合论均拒斥自属集。

② 对合理行动悖论的专题研究参见李莉：《合理行动悖论研究》，南京大学 2010 年博士学位论文。

以上是狭义逻辑悖论。哲学悖论的典型代表是芝诺悖论，而科学悖论的典型代表是经典物理学中的光速悖论。哲学悖论与狭义逻辑悖论之间的区别在于，后者的推导过程并不诉诸直觉，得到了严格的形式刻画；而前者并没有得到像后者那样的严格塑述，更多地依赖于直觉。科学悖论是相对于一个系统的科学理论而言的，其所涉及的认知主体是某个具体理论领域的科学家共同体，经验事实因素在其中起着十分重要的作用。对于哲学悖论和科学悖论的具体例子在这里就不详细评述了。[①] 如果继续以"公认正确的背景知识"为标准，则可以将哲学悖论和科学悖论进一步分类，从而可以得到如下这张关于逻辑悖论的较为完整的分类图（图1.1）：

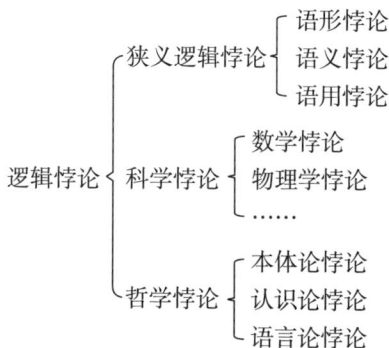

$$
\text{逻辑悖论}\begin{cases}
\text{狭义逻辑悖论}\begin{cases}\text{语形悖论}\\\text{语义悖论}\\\text{语用悖论}\end{cases}\\[2mm]
\text{科学悖论}\begin{cases}\text{数学悖论}\\\text{物理学悖论}\\\cdots\cdots\end{cases}\\[2mm]
\text{哲学悖论}\begin{cases}\text{本体论悖论}\\\text{认识论悖论}\\\text{语言论悖论}\end{cases}
\end{cases}
$$

图 1.1　悖论的分类

二、悖论度

在以上分类当中，狭义逻辑悖论的界定似乎与人们的日常直觉不符，这里需要特别解释一下。产生这种错觉的根源在于对"狭义"一词的理解。一般认为"狭义"就是狭窄的意思，加在"悖论"之前，意味着狭义逻辑悖论就是一种狭窄的悖论，也就是接受该悖论的人数较少。然而，由定义可知，其要素（3）所涉及的是"日常进行合理思维的理性主体"，这是范围最广的认知主体。因此，狭义逻辑悖论中"狭义"的意思是"核心"，也就是说，该类悖论处在所有悖论的核心位置。进一步说，狭义逻辑悖论的"狭义"在这里的确切含义是"严格"，而越严格的悖论，接受它的人越多，从"三要素"的角度理解就是"背景知识"之"公认度"越高。这里的"公认度"是由"公认"概念的模糊性自然而然引出的。再由

① 具体例子参见张建军：《逻辑悖论研究引论》，南京：南京大学出版社，2002年，第21–27页。

"公认度"还可以自然而然地引出"悖论度"的概念。如果悖论的其他两个要素经得住推敲，那么它由以导致"背景知识"的"公认度"就决定了其"悖论度"。"就广义逻辑悖论而言，'悖论度'概念的把握是非常重要的。"[①]简言之，所谓"悖论度"是一个相对性概念，指悖论之成为悖论的程度，悖论度与背景知识的公认度成正比。[②]

类似地，塞恩斯伯里也认为"悖论有程度之分，一个悖论属于哪个程度，取决于表象对实际掩盖得有多好"[③]。对此他还做了更为详细的解释：如果把悖论的程度用 1—10 这十个量级来表示（把程度最强或最低的一端标记为 1）的话，那么理发师悖论的量级为 1，而说谎者悖论的量级则是10。这里悖论的程度实际上就是悖论度。只不过塞恩斯伯里只是提出了悖论度的想法，而我们是从本书所认同的悖论定义出发自然而然地推出了悖论度这一重要概念。当然塞恩斯伯里也认为，一个悖论的悖论度越高，人们对怎么回应它的争议也就会越大。

实际上，雷歇尔所著《悖论：根源、范围及其消解》一书当中的核心概念——可信度（plausibility）——本质上所体现的也是悖论度的思想。在该书当中，雷歇尔认为，"从可信的前提推出其否定也可信的某个结论时，就产生了悖论"[④]，或者"当一组单独可信的命题联合起来不一致时就产生了悖论"[⑤]。这里的核心概念是"可信的（plausible）"，对此，他解释道，"可信之物是某种实用的认识装置。……我们对它们的承诺不是绝对的，而是要视情况而定：我们是否赞同它们取决于语境""原则上，可信性或多或少是一个比较问题""可信是程度问题，因为一个论题的可信性可以有多有少"[⑥]。

第三节　如何研究悖论

悖论究竟研究什么？一个最为直接的回答是：寻求解悖方案。这是最为明显的。然而，以说谎者悖论为例，事实是尽管解悖方案不断出现，但

---

① 张建军：《广义逻辑悖论研究及其社会文化功能论纲》，《哲学动态》2005 年第 11 期，第 48 页。

② 夏素敏：《道义悖论研究初探》，北京：中国社会科学出版社，2012 年，第 31 页。

③ Sainsbury R. M., *Paradoxes (3rd ed)*, Cambridge: Cambridge University Press, 2009: 1–2.

④ Rescher N., *Paradoxes, Their Roots, Range, and Resolution*, Chicago: Open Court Publishing Company, 2001: 6.

⑤ Ibid: 6.

⑥ Ibid.

千年以来，没有一种方案得到人们的公认。因此，具体解悖方案的探索并非悖论研究的唯一，其他方面的研究同样是有意义的，甚至意义更大。

逻辑悖论是由三要素共同决定的一种理论事实或者状况。其中"公认正确的背景知识"是核心要素，它集中体现了悖论的语用性质。如前所述，这一要素也是对悖论进行分类的标准。这一要素同样是研究悖论的理论出发点。悖论研究分为如下三个层面：

层面 I：特定领域某个或某组悖论具体解悖方案研究；

层面 II：各种悖论及其解悖方案的哲学研究（即对各类悖论根源的哲学考察以及对各种解悖方案的哲学说明与叩问）；

层面 III：一般意义的解悖方法论研究。

一般而言，层面 I 的研究较易为人们所理解。对于悖论研究而言，提出解决方案是最直接的研究。这里的一个根本性问题是，怎样才算作是解决了一个悖论？这就要求有明确的解悖标准去衡量与评价各种解悖方案。解悖标准是衡量与评价各种解悖方案之成就与不足的基本尺度。本书认为，张建军在综合罗素（B. Russell）、策梅洛（E. Zermelo）与哈克（S. Haack）对解悖标准的相关研究的基础上所提出的 RZH 解悖标准是较为恰当而全面的解悖标准，因而成为本书用以评价解决认知悖论的各种方案的成就与不足的基本尺度。

所谓 RZH 解悖标准包括：（1）足够狭窄性；（2）充分宽广性；（3）非特设性。需要注意的是，这三个方面是分层次的。所谓"足够狭窄"就是消除矛盾，也就是说原有已经发现的悖论被消除，并且没有发现新悖论。显然这是一个解悖方案成为解悖方案的最低标准或者说必要标准，是最低层次的要求。"充分宽广"标准是策梅洛首先提出的，他认为一个适当的解悖方案应该尽可能保留原来理论中一切有价值的东西。张建军在此基础之上对这一标准进行了扩充，即能够解决的悖论越多越好。这当然是一条更高的要求。所谓"非特设性"（即"非应急性"），是罗素首先提出，并由哈克进一步阐明的。这条标准要求一个解悖方案提供出独立于"去悖论"的充足的理由；而根据悖论的语用学概念，这样的理由及据此对"公共信念"的修改应能为悖论所相对的认知共同体所接受。这是对解悖的最高要求。

总之，根据 RZH 标准，如果一个解悖方案满足足够狭窄性要求，那么它就有必要资格作为解悖方案而存在；如果进一步满足充分宽广性要求，那么它就有重要的研究价值；如果还满足非特设性标准，那么这就是一个比较完善的解悖方案。

层面 II 的研究和层面 III 的研究也同样重要。对于层面 II，由于悖论的重要价值在于其方法论，解悖也是试验一种理论合理性的试金石。比如亚相容逻辑，其本身的提出并不是用来解悖的，但后来被用来解决说谎者悖论。[①] 对于悖论研究而言，不一定非要解决它。说谎者悖论就是一个很好的例子。虽然说谎者悖论至今未被解决，但通过解悖发展出了很多关于真理的理论。

对于层面 III，除具体解悖方案的研究之外，对悖论进行整体性研究是另一大任务，而且这方面的研究对新解悖方案的提出有着积极的启发作用。"公认正确的背景知识"要素同样为这方面的研究提供了恰当的理论基础。"公认"肯定有一个程度的问题，尽管对于一个具体悖论而言，"公认"是确定的，但作为一般理论抽象地讲"公认"却是模糊的。然而这恰恰为悖论的整体性研究提供了有力的工具。这样，在对某组悖论进行整体性研究的时候，就可以根据其不同的悖论度而进行排序，其中悖论度高的悖论显然具有更高的研究价值。同样，在 RZH 解悖标准中，"充分宽广性"与"非特设性"两个要求也都是具有"程度性"的标准，因而我们可以依据这样的标准在不同的解悖方案之间加以比较研究，即比较不同方案之间的"解悖度"。也就是说，与背景知识的"公认度"相对应，根据 RZH 解悖标准，也可以对解悖方案区分不同的"可接受度"，从而区分不同的"解悖度"。

本书对知道者悖论的研究主要集中在层面 II 和层面 III。

---

① 参见付敏：《亚相容解悖方案研究》，北京：社会科学文献出版社，2021 年。

第二章 知道者悖论

本书的研究对象是知道者悖论，然而，究竟什么是知道者悖论呢？"知道者"这个词听起来有些别扭，因为汉语当中没有这个词，它是对英文单词 knower 的直译。叫"知道者悖论"是因为这一类悖论与千古疑难说谎者悖论具有某种相似性。语言的不确定性也导致了人们对知道者悖论的理解不尽相同。因此，本章主要围绕知道者悖论究竟是什么展开。具体而言，首先梳理知道者悖论从最初思想的提出到严格建构的整个历史过程，然后在此基础上区分狭义知道者悖论和广义知道者悖论，进而探讨知道者悖论独立于说谎者悖论的理由，最后详尽比较知道者悖论与说谎者悖论之间的关系。

根据上一章的界定，知道者悖论是严格意义上的逻辑悖论，属于狭义逻辑悖论中的语用悖论。

第一节 知道者悖论的缘起

知道者悖论起源于 20 世纪 40 年代在欧洲民间流传的"突然演习问题"。根据美国哲学家索伦森的梳理[1]，对该问题最早的文字记载出现在一位名叫艾克博姆（L. Ekbom）的瑞典数学教师写给《科学美国人》杂志编辑卡德纳（M. Gardner）的一封信中。据艾克博姆在这封信中的记载，大约在 1943 年到 1944 年的某一天，瑞典的某座城市的居民们听到了如下这则通告：在即将到来的一周当中要举行一次防空演习，以检验备战充分性，因此，在这次演习之前没有人知道（任何人都不知道）这次演习具体在哪天举行，从这个意义上讲，这是一次突然演习。通告中的"任何人"当然不包括制定演习计划的人。

这则通告表面看来十分正常，但艾克博姆仔细分析后却发现其中包含着矛盾。这是因为，按照通告要求，演习肯定不会发生在下一周的最后一

---

① Sorensen R. A., *Blindspots*, Oxford: Oxford University Press, 1988: 253.

天，因为如果那样的话，由于前面几天都没有举行演习，居民们在倒数第二天晚上就可以合理地推知演习将在第二天（也就是一周的最后一天）进行，这样，演习就不是通告中所说的"突然"的了。一周的最后一天举行通告所描述的突然演习的可能性因此被排除了。一旦最后一天被排除，倒数第二天也可以被排除，这是因为，既然已经确定演习不能在最后一天举行，那么在剩下的几天当中，如果在倒数第二天举行演习，那么运用与上面同样的推理可以合理地推知，演习同样不是通告中所说的"突然"的。显而易见，按照该推理模式进行推理，可以将一周的所有日子依次排除。也就是说满足通告要求的突然演习是不可能发生的。然而就在接下来一周的周四早上，正当人们像往常一样有条不紊地做着各自的事情的时候，突然响起了空袭警报，演习开始，这大大出乎人们的意料，也摧毁了前面看上去似乎无懈可击的逻辑推理。

以上推理过程显然可以看作是"逆向归纳法"的应用：

（ⅰ）归纳基始：人们能够知道演习将不会发生在最后一天。

（ⅱ）归纳步骤：如果人们能够知道演习将不会发生在第 n 天，那么他们也能够知道演习将不会发生在第 $n-1$ 天。

（ⅲ）结论：人们能够知道不存在演习发生的那一天。

于是，艾克博姆把这个疑难当作一个数学疑难问题提了出来，并与数学界的同行就此问题展开了讨论，但没有得到满意的解答。

1948 年著名的《心灵》（*Mind*）杂志上刊发了英国学者奥康纳（D. O'Connor）以《语用悖论》为题的有关"突然演习问题"的论文[①]，将该问题作为一个严肃的学术问题公开征询答案。这标志着对该问题的研究第一次进入了哲学视野。奥康纳认为"突然演习问题"的论证是有说服力的，问题出在"突然演习"这个概念上。尽管这个概念是相容的，但却在语用上自我否定，情况如同以下一组语句：

（a）我什么都不记得。

（b）我现在不在说话。

（c）我相信墨西哥有老虎但却根本没有。

---

① O'Connor D., "Pragmatic Paradoxes", *Mind*, No.57, 1948: 358–359.

尽管这三个语句中的概念是相容的，但在任何环境中它们都不能被想象为是真的。这里值得注意的是，在"突然演习问题"第一次出现在哲学文献中的时候，奥康纳就把它称为"语用悖论"，这充分体现了奥康纳的先见之明。在《心灵》刊发了奥康纳的论文并公开征询答案之后，得到的解答五花八门、莫衷一是。1951 年，《心灵》又发表斯克瑞文（M. Scriven）的《悖论性通告》一文①，宣称"一个新的强有力的悖论已经出现"。这就是知道者悖论的缘起。也就是说，知道者悖论起源于"突然演习问题"。

第二节　知道者悖论的建构

一、意外考试悖论

在持续多年的研究中，"突然演习问题"又以多种形式不同但实质结构完全一致的变体出现，如"意外考试疑难""绞刑疑难"等。本书以"意外考试疑难"展开该悖论：

> 某教师向学生宣布，他将在下周内某一天进行一次出乎学生意料的考试，即学生在考试头一天晚上并不知道考试将在第二天进行。据此预告，学生首先以通常明显合理的归谬法推理，排除了考试在下周最后一天举行的可能性，因为那就会因为"事先知道"而不感到意外；继而又以同样的逻辑程序逐次排除了考试在任何一天进行的可能性，由此断定这个预告不可能实现。然而，教师在下周的某一天果真举行了考试，这大大出乎考生的意料，从而又实现了预告。

可以对这个疑难做一些初步分析。在以下讨论中为简明起见，把"意外考试"预告中的"下周"改为"下周头三天"，不会影响问题的基本结构。首先做如下规定：

> M 表示"考试在周一进行"；
> T 表示"考试在周二进行"；
> W 表示"考试在周三进行"；
> $K_i^s(x)$ 表示公式"学生 i 在周日晚上知道语句 x 为真"；

---

① Scriven M., "Paradoxical Announcement", *Mind*, No.60, 1951: 403–407.

$K_i^m(x)$ 表示公式"学生 i 在周一晚上知道语句 x 为真";

$K_i^t(x)$ 表示公式"学生 i 在周二晚上知道语句 x 为真"。

教师的预告用符号表示如下:

（P_1）$(M \wedge \neg T \wedge \neg W \wedge \neg K_i^s(\ulcorner M \urcorner)) \vee (\neg M \wedge T \wedge \neg W \wedge \neg K_i^m(\ulcorner T \urcorner))$
$\vee (\neg M \wedge \neg T \wedge W \wedge \neg K_i^t(\ulcorner W \urcorner))$。

学生依据如下两个关于知识的合理假定 A_1 和 A_2 进行推理:若假定 P_1 能够实现,那么,考试不可能在周三进行。因为倘若如此,则 P_1 的头两个选言支便已失效,必采用第三个选言支,然而那样学生便会在周二晚上知道 $\neg M$ 和 $\neg T$ 都是真的,因为 $\neg M$ 和 $\neg T$ 相合蕴涵 W,他们也会在周二晚上知道 W 的真,而这与 $\neg K_i^t(\ulcorner W \urcorner)$ 相矛盾。

（A_1）$(\neg M \wedge \neg T) \rightarrow K_i^t(\ulcorner \neg M \wedge \neg T \urcorner)$;

（A_2）$(I(\ulcorner \neg M \wedge \neg T \urcorner, \ulcorner W \urcorner) \wedge K_i^t(\ulcorner \neg M \wedge \neg T \urcorner)) \rightarrow K_i^t(\ulcorner W \urcorner)$。

A_1 是依赖记忆的知识原则的一种特殊情形,A_2 即关于知识的演绎闭合原则。在完全一般的情形下,这两个原则都显得可疑,但难以否认关于学生的具体情形之下的 A_1 和 A_2,特别是在他们已完成了上述推理之后。

通过上述推理,结合教师的预告,学生可以进一步论证,A_1 和 A_2 的合取逻辑上蕴涵 $\neg W$,而假定学生知道 A_1 和 A_2 显然也是合理的:

（A_3）$K_i^t(A_1 \wedge A_2)$。

这样,再结合知识的演绎闭合原则的如下特例:

（A_4）$(I(\ulcorner A_1 \wedge A_2 \urcorner, \ulcorner \neg W \urcorner) \wedge K_i^t(A_1 \wedge A_2)) \rightarrow K_i^t(\ulcorner \neg W \urcorner)$。

学生不仅可以确定考试不可能在周三举行,而且可以确定他们知道这是不可能的,即 $K_i^t(\ulcorner \neg W \urcorner)$。

学生继而可依据以下类似于 A_1 和 A_2 的合理假定 A_5 与 A_6 排除周二:若考试在周二举行,仍假设 P_1,可知 P_1 的第二个选言支被采用。由此可推出学生在周一晚上知道 $\neg M$ 的真。而 $\neg M$ 加上 $\neg W$ 蕴涵 T。因此 T 是学生的知识的逻辑后承，从而学生在周一晚上就知道 T 是真的。然而，这与 $\neg K_i^m (\ulcorner T \urcorner)$ 相矛盾。

$$（A_5） \neg M \rightarrow K_i^m(\ulcorner \neg M \urcorner);$$

$$（A_6） (I(\ulcorner \neg M \wedge \neg W \urcorner, \ulcorner T \urcorner) \wedge K_i^m(\ulcorner \neg M \urcorner) \wedge K_i^m(\ulcorner \neg W \urcorner)) \rightarrow K_i^m(\ulcorner T \urcorner).$$

同理，运用类似的假设，学生也排除了周一考试的可能性，从而得出结论：P_1 是不能够实现的。

而另一方面，教师所推出的却是 P_1 可实现而且必可实现。譬如考试选在周二进行，此时可得 $\neg M$、T 和 $\neg W$，其中 T 显然是偶然为真的，学生不可能在周一晚上知道其真，故 P_1 必可实现。

二、知识悖论

蒯因是最早研究该疑难的哲学家之一，他认为这是一个容易消解的疑难，并就此而写道：

> 我详细记述了我的解决方案，并且把它告诉了我周围的朋友们，显然他们都对此方案表示满意。到了 1952 年秋天，我惊讶地发现该悖论正在出问题，有时以我已经知道的形式，有时作为意外考试；并且我发现它已经以不同的形式在《心灵》上引出了一系列论文。我也在该期刊上发表了我的解决方案。我已经解决了这个难题，这一点对于我自己来说是清楚的，但对其他相关的人来说却仍然不清楚。[1]

以上引文中蒯因所提到的就是他于 1953 年在《心灵》上发表的题为《论一个所谓的悖论》的文章[2]。在这篇文章中，蒯因对前述疑难给出了一种令人信服的解析。依据蒯因的分析，上述学生的归谬推理所否定的不是教师的预告本身，而是"学生事先知道预告为真"这个假设；而学生事先不可能真正地"知道"预告的真假。尤其是在他们试图归谬否定预告的情况下，假设他们已知后者为真更是不合理的。

仔细分析可以发现，在前述对该疑难的初步分析中，蒯因所发现的"学生事先知道预告为真"的谬误在学生的推导过程中已重复了几次，早

---

[1]　Quine W. V., *The Time of My Life*, Cambridge: MIT Press, 1985: 234.

[2]　Quine W. V., "On a So-Called Paradox", *Mind*, No. 62, 1953: 65–67.

在学生应用 A_2 进行推理时它就出现了。应用 A_2 需要有 "$\neg M \wedge \neg T$ 逻辑地蕴涵 W"，而显然并非如此。的确，$\neg M \wedge \neg T$ 与 P_1 的合取逻辑上蕴涵 W，但若要使用这一事实，需以如下合理的类似式替换 A_2：

$$(A_2{}') \ (I({}^r\neg M \wedge \neg T \wedge P_1{}^{\urcorner}, \ {}^rW^{\urcorner}) \wedge K_i^t({}^r\neg M \wedge \neg T^{\urcorner}) \wedge K_i^t({}^rP_1{}^{\urcorner})) \to K_i^t({}^rW^{\urcorner});$$

而且需增加假定：

$$K_i^t({}^rP_1{}^{\urcorner});$$

但这正是蒯因指出的不合理假定。

蒯因的工作产生了深远的影响，其贡献在于分析出了广义知道者悖论中所隐含的关于"知识"这一概念的问题，从而将该疑难最终归结为了与知识相关的问题。

三、自指性悖论

沙悟（R. Shaw）于 1958 年在《心灵》上发表文章认为[1]，蒯因的方案与其说是解决了意外考试悖论，倒不如说是回避了该疑难，只要引入一种自我指涉要素，也就是在预告中加入"学生不能基于本预告而知道……"，那么原来的问题依然存在。

为使问题进一步简化，下面只考虑一周的头两天。根据沙悟的结论，需要在预告中增加一种自我指涉要素，由哥德尔自指定理知，这是可以实现的。则此时教师的预告可用符号表示如下：

$$(P_2) \ (M \wedge \neg T \wedge \neg K_i^s({}^rP_2 \to M^{\urcorner})) \vee (\neg M \wedge T \wedge \neg K_i^m({}^rP_2 \to T^{\urcorner}))。$$

如此，通过与前面类似的推理步骤，学生能够推得 P_2 不可能实现。此处需使用类似于 $A_1 \sim A_4$ 的如下关于知识的假定：

$$(B_1) \ \neg M \to K_i^m({}^r\neg M^{\urcorner});$$
$$(B_2) \ (I({}^r\neg M^{\urcorner}, \ {}^rP_2 \to T^{\urcorner}) \wedge K_i^m({}^r\neg M^{\urcorner})) \to K_i^m({}^rP_2 \to T^{\urcorner});$$
$$(B_3) \ K_i^s({}^rB_1 \wedge B_2{}^{\urcorner});$$

---

[1] Shaw R., "The Paradox of the Unexpected Examination", *Mind*, No. 67, 1958: 382–384.

（B₄）$(I(\ulcorner B_1 \wedge B_2 \urcorner, \ulcorner P_2 \rightarrow M \urcorner) \wedge K_i^s(\ulcorner B_1 \wedge B_2 \urcorner)) \rightarrow K_i^s(\ulcorner P_2 \rightarrow M \urcorner)$。

学生的推理可严格地重塑如下：

（1）$\vdash P_2 \leftrightarrow (M \wedge \neg T \wedge \neg K_i^s(\ulcorner P_2 \rightarrow M \urcorner)) \vee (\neg M \wedge T \wedge \neg K_i^m(\ulcorner P_2 \rightarrow T \urcorner))$　　定义

（2）$\neg M \vdash P_2 \rightarrow T$　　　　　　　　　　　　　　　　（1）经典命题演算

（3）$\vdash P_2 \wedge T \rightarrow K_i^m(\ulcorner P_2 \rightarrow T \urcorner)$　　　　　　　　　　　　同上

（4）$\vdash P_2 \wedge T \rightarrow \neg M$　　　　　　　　　　　　　　　同上

（5）$B_1 \vdash P_2 \wedge T \rightarrow K_i^m(\ulcorner \neg M \urcorner)$　　　　　　　　　　　（4）

（6）$I(\ulcorner \neg M \urcorner, \ulcorner P_2 \rightarrow T \urcorner)$　　　　　　　　　　　　　（2）

（7）$B_2 \vdash K_i^m(\ulcorner \neg M \urcorner) \rightarrow K_i^m(\ulcorner P_2 \rightarrow T \urcorner)$　　　　　B₂（6）

（8）$B_1 \wedge B_2 \vdash (P_2 \wedge T) \rightarrow K_i^m(\ulcorner P_2 \rightarrow T \urcorner) \wedge \neg K_i^m(\ulcorner P_2 \rightarrow T \urcorner)$　（3）（5）（7）

（9）$B_1 \wedge B_2 \vdash P_2 \rightarrow \neg T$　　　　　　　　　　　　　（8）

（10）$\vdash P_2 \wedge \neg T \rightarrow M$　　　　　　　　　　　　（1）经典命题演算

（11）$\vdash P_2 \wedge K_i^s(\ulcorner P_2 \rightarrow M \urcorner) \rightarrow \neg M$　　　　　　　　同上

（12）$B_1 \wedge B_2 \vdash P_2 \rightarrow M$　　　　　　　　　　　　　（9）（10）

（13）$\vdash I(\ulcorner B_1 \wedge B_2 \urcorner, \ulcorner P_2 \rightarrow M \urcorner)$　　　　　　　　　　（12）

（14）$B_4 \vdash K_i^s(\ulcorner B_1 \wedge B_2 \urcorner) \rightarrow K_i^s(\ulcorner P_2 \rightarrow M \urcorner)$　　　　B₄（13）

（15）$B_3 \wedge B_4 \vdash K_i^s(\ulcorner P_2 \rightarrow M \urcorner)$　　　　　　　　　B₃（14）

（16）$B_3 \wedge B_4 \vdash P_2 \rightarrow \neg M$　　　　　　　　　　　（11）（15）

（17）$B_1 \wedge B_2 \wedge B_3 \wedge B_4 \vdash P_2 \rightarrow (\neg M \wedge \neg T)$　　　（9）（16）

（18）$P_2 \rightarrow M \vee T$　　　　　　　　　　　　　　（1）经典命题演算

（19）$B_1 \wedge B_2 \wedge B_3 \wedge B_4 \vdash \neg P_2$　　　　　　　　　（17）（18）

由此证明，在十分合理的假定 B₁～B₄ 之下，预告 P₂ 是不可能实现的。

　　沙悟认为，经他修改后的预告具有真正的悖论性，而不只是具有现实的不可实现性。沙悟的重大贡献在于他开创性地把自指引入了意外考试疑难的研究中，从而为严格意义的意外考试悖论的建立奠定了关键性的基础。

四、严格意义的逻辑悖论

　　在沙悟公布其研究结果的同时，蒙塔古和卡普兰也取得了同样的结果。但他们发现，只加入这样的自我指涉要素仍存在逻辑漏洞，要严格地推出矛盾，还须在原预告之前增加"除非学生事先不知道本预告为假"一语，由此才可以建立一个货真价实的悖论。1960 年，美国新创刊的《圣母大学形式逻辑杂志》将这个结果推导过程的严格形式刻画公开发表，宣告了关于"知识"的这一严格意义的逻辑悖论的诞生[①]。

蒙塔古和卡普兰指出，并没有充分的理由支持沙悟的以上说法。此时学生方面的论证无懈可击，但经沙悟在预告中引进自指要素后，教师方面关于预告可实现的论证却出现了逻辑漏洞而不能成立。譬如与前面一样，教师选择在周二举行考试，在此情形下，$\neg M$ 和 T 为真。此时老师需建立 $\neg K_i^m(\ulcorner P_2 \rightarrow T \urcorner)$。而要运用原来的推理方法，他就必须表明 $P_2 \rightarrow T$（在周一晚上考虑时）是一个偶真句。然而稍加分析不难看出，此时 $P_2 \rightarrow T$ 实际上是必真的。不过，蒙塔古和卡普兰指出，只要再将预告稍加修改，一个新型的严格悖论即可构成。这就是，在原预告中再增加一"除非"句而形成如下新的预告：

> 除非学生在周日晚上知道本预告为假，否则下述要求之一将被满足：
> （1）考试在周一而不是周二进行，而且学生在周日晚上不知道基于本预告"考试在周一进行"为真；
> （2）考试在周二而不是周一进行，而且学生在周一晚上不知道基于本预告"考试在周二进行"为真。

这种新的预告可用如下公式表达：

$$(P_3)\ K_i^s(\ulcorner \neg P_3 \urcorner) \vee (M \wedge \neg T \wedge \neg K_i^s(\ulcorner P_3 \rightarrow M \urcorner)) \vee (\neg M \wedge T \wedge \neg K_i^m(\ulcorner P_3 \rightarrow T \urcorner)).$$

蒙塔古和卡普兰使用了下列合理假定，其中 C_1 是"知道的东西为真"原则的特例，而 $C_2 \sim C_8$ 类似于 $B_1 \sim B_4$：

$(C_1)\ K_i^s(\ulcorner \neg P_3 \urcorner) \rightarrow \neg P_3$;

$(C_2)\ \neg M \rightarrow K_i^m(\ulcorner \neg M \urcorner)$;

$(C_3)\ K_i^m(\ulcorner C_1 \urcorner)$;

$(C_4)\ I(\ulcorner C_1 \wedge \neg M \urcorner, \ulcorner P_3 \rightarrow T \urcorner) \wedge K_i^m(\ulcorner C_1 \urcorner) \wedge K_i^m(\ulcorner \neg M \urcorner) \rightarrow K_i^m(\ulcorner P_3 \rightarrow T \urcorner)$;

[①]　Montague R. and Kaplan D., "A Paradox Regained", *Notre Dame Journal of Formal Logic*, No.1, 1960: 79–87.

（C_5）$K_i^s(\ulcorner C_1 \wedge C_2 \wedge C_3 \wedge C_4 \urcorner)$；

（C_6）$I(\ulcorner C_1 \wedge C_2 \wedge C_3 \wedge C_4 \urcorner, \ulcorner P_3 \rightarrow M \urcorner) \wedge K_i^s(\ulcorner C_1 \wedge C_2 \wedge C_3 \wedge C_4 \urcorner) \rightarrow K_i^s(\ulcorner P_3 \rightarrow M \urcorner)$；

（C_7）$K_i^s(\ulcorner C_1 \wedge C_2 \wedge C_3 \wedge C_4 \wedge C_5 \wedge C_6 \urcorner)$；

（C_8）$I(\ulcorner C_1 \wedge C_2 \wedge C_3 \wedge C_4 \wedge C_5 \wedge C_6 \urcorner, \ulcorner \neg P_3 \urcorner) \wedge K_i^s(\ulcorner C_1 \wedge C_2 \wedge C_3 \wedge C_4 \wedge C_5 \wedge C_6 \urcorner) \rightarrow K_i^s(\ulcorner \neg P_3 \urcorner)$。

在这些假定之下，可给出悖论的严格建构如下：

（1）$\vdash P_3 \leftrightarrow K_i^s(\ulcorner \neg P_3 \urcorner) \vee (M \wedge \neg T \wedge \neg K_i^s(\ulcorner P_3 \rightarrow M \urcorner)) \vee (\neg M \wedge T \wedge \neg K_i^m(\ulcorner P_3 \rightarrow T \urcorner))$　　　　　定义

（2）$C_1 \vdash P_3 \rightarrow \neg K_i^s(\ulcorner \neg P_3 \urcorner)$　　　　　C_1（1）

（3）$C_1 \wedge M \vdash P_3 \rightarrow T$　　　　　（1）（2）

（4）$C_1 \vdash P_3 \wedge T \rightarrow \neg K_i^m(\ulcorner P_3 \rightarrow T \urcorner)$　　　　　同上

（5）$C_1 \vdash P_3 \wedge T \rightarrow \neg M$　　　　　同上

（6）$C_1 \wedge C_2 \vdash P_3 \wedge T \rightarrow K_i^m(\ulcorner \neg M \urcorner)$　　　　　（5）

（7）$\vdash I(\ulcorner C_1 \wedge \neg M \urcorner, \ulcorner P_3 \rightarrow T \urcorner)$　　　　　（3）

（8）$C_4 \vdash K_i^m(\ulcorner C_1 \urcorner) \wedge K_i^m(\ulcorner \neg M \urcorner) \rightarrow K_i^m(\ulcorner P_3 \rightarrow T \urcorner)$　　　　　C_4（7）

（9）$C_1 \wedge C_2 \wedge C_3 \wedge C_4 \vdash P_3 \wedge T \rightarrow K_i^m(\ulcorner P_3 \rightarrow T \urcorner)$　　　　　（6）

（10）$C_1 \wedge C_2 \wedge C_3 \wedge C_4 \vdash P_3 \wedge T \rightarrow K_i^m(\ulcorner P_3 \rightarrow T \urcorner) \wedge \neg K_i^m(\ulcorner P_3 \rightarrow T \urcorner)$　　　　　（4）

（11）$C_1 \wedge C_2 \wedge C_3 \wedge C_4 \vdash P_3 \rightarrow \neg T$　　　　　（10）

（12）$C_1 \vdash P_3 \wedge \neg T \rightarrow M$　　　　　（1）（2）

（13）$C_1 \vdash P_3 \wedge K_i^s(\ulcorner P_3 \rightarrow T \urcorner) \rightarrow \neg M$　　　　　同上

（14）$C_1 \wedge C_2 \wedge C_3 \wedge C_4 \vdash P_3 \rightarrow M$　　　　　（11）（12）

（15）$I(\ulcorner C_1 \wedge C_2 \wedge C_3 \wedge C_4 \urcorner, \ulcorner P_3 \rightarrow M \urcorner)$　　　　　（14）

（16）$C_6 \vdash K_i^s(\ulcorner C_1 \wedge C_2 \wedge C_3 \wedge C_4 \urcorner) \rightarrow K_i^s(\ulcorner P_3 \rightarrow M \urcorner)$　　　　　C_6（15）

（17）$C_5 \wedge C_6 \vdash K_i^s(\ulcorner P_3 \rightarrow T \urcorner)$　　　　　C_5（16）

（18）$C_1 \wedge C_5 \wedge C_6 \vdash P_3 \rightarrow \neg M$　　　　　（2）（17）

（19）$C_1 \wedge C_2 \wedge C_3 \wedge C_4 \wedge C_5 \wedge C_6 \vdash P_3 \rightarrow K_i^s(\ulcorner \neg P_3 \urcorner) \wedge \neg M \wedge \neg T$　　　　　（2）（11）（18）

（20）$\vdash P_3 \rightarrow K_i^s(\ulcorner \neg P_3 \urcorner) \vee M \vee T$　　　　　（1）

（21）$C_1 \wedge C_2 \wedge C_3 \wedge C_4 \wedge C_5 \wedge C_6 \vdash \neg P_3$　　　　　（19）（20）

由此推出，在上述合理假定之下，预告 P_3 不能够实现。但还可以继续推论：

（22）$\vdash I(\ulcorner C_1 \wedge C_2 \wedge C_3 \wedge C_4 \wedge C_5 \wedge C_6 \urcorner, \ulcorner \neg P_3 \urcorner)$ （21）

（23）$C_8 \vdash K_i^s(\ulcorner C_1 \wedge C_2 \wedge C_3 \wedge C_4 \wedge C_5 \wedge C_6 \urcorner) \rightarrow K_i^s(\ulcorner \neg P_3 \urcorner)$ $\quad$ C_8（22）

（24）$C_7 \wedge C_8 \vdash K_i^s(\ulcorner \neg P_3 \urcorner)$ $\quad$ C_7（23）

（25）$\vdash K_i^s(\ulcorner \neg P_3 \urcorner) \rightarrow P_3$ （1）

（26）$C_7 \wedge C_8 \vdash P_3$ （24）（25）

这样，同样在前述合理假定之下，又可推出预告 P_3 必定能实现。由此可见，若采纳公式化的 P_3，则可使学生与教师双方相互矛盾的推断都可以得到"证明"，从而可严格建立 P_3 与 $\neg P_3$ 之间的矛盾等价式。

以上结果表明，$C_1 \sim C_8$ 这组假定是与"初等语法"（形式算术）的原则不相容的。也就是说，如果难以否认这些假定的高度合理性，同时又承认"初等语法"，那么，上述推导就把"意外考试疑难"构造成了一个货真价实的逻辑悖论——意外考试悖论。蒙塔古和卡普兰指出，这个悖论的重要性恰恰"来自于这些假定的直觉合理性。无疑地，在发现这个悖论之前，人们也肯定会有把体现在 $C_1 \sim C_8$ 中的认识论原则充分形式化的要求，这即使不是必需的，至少不是不可能的"[1]。因此，他们认为该悖论的出现必将会引出哲学认识论上的某些新探讨。

五、极限情况

蒙塔古和卡普兰在建立前述严格形式刻画之后认识到，可以考虑一个从该悖论引申出来的更简单的结果，这样就会使问题变得更加尖锐。[2] 他们发现，即使只考虑一个而不是两个可能的考试日期，仍然可以得到一个严格的悖论。在这种情形下教师的预告转变为如下形式：

> 除非学生在周日晚上知道本预告为假，否则下述要求将被满足：
> 考试在周一进行，而学生在周日晚上不知道基于本预告"考试在周一进行"为真。

进而，考试的可能日期的数目可缩减至零。教师的"预告"现在只是断言下面这个唯一的要求将被满足：

---

[1] Montague R. and Kaplan D., "A Paradox Regained", *Notre Dame Journal of Formal Logic*, No.1, 1960: 89.

[2] Ibid: 87–89.

　　学生在周日晚上知道本预告为假。

如下公式可视为对该"预告"的表达：

$$(P_4)\ K_i^s(\ulcorner \neg P_4 \urcorner)。$$

　　也就是说，从语句 N：$K_i^s(\ulcorner \neg N \urcorner)$ 出发，依据类似于 C_1、C_3 和 C_4 的三个简单假定，加之一些简单的逻辑法则，即可建立起一个简单而严格的悖论。

　　根据前文所述严格意义逻辑悖论的定义，这种"极限"情况的悖论所由以建立的"公认正确的背景知识"包括：（i）形式算术系统；（ii）经典认识论的三条原则——（A_1）凡认知主体知道的东西都是真的；（A_2）认知主体知道（A_1）；（A_3）如果认知主体知道 φ，并且又由 φ 可以合乎逻辑地推出 ϕ，则他也就知道 ϕ。

　　其中，认知规则（A_1）为柏拉图经典知识定义所蕴含。根据该定义，知识是证成了的真信念，所以"为真"是构成知识的必要条件，换言之，就是所有知识都是真的，即（A_1）。该规则表明，知道者悖论所涉及的是普通理性人所拥有的真正的知识概念，排除了认知主体以为是知识但实际上却并非真正知识的情况。认知规则（A_2）只是说普通理性人懂得这一点，或者说很容易就此达成共识。认知规则（A_3）是所谓认知封闭原则，具有多种表现形式。由于怀疑论的论证当中使用了它，所以该规则在认识论当中饱受争议。对认知封闭原则的质疑主要在于它在某种意义上表达了一种"逻辑全能"，是现实世界中的普通理性人无法达到的。比如，虽然由 p 合乎逻辑地推导出 q，但这一推导需要很多步骤，比如一万步。此时，即使是正常的理性人，实际上也可能无法完成这长达一万步的推导，因而最终并不知道 q。然而，类似的关于认知封闭规则过强的质疑对此处的（A_3）并不成立。这是因为，作为知道者悖论推理前提的（A_3），是一种最弱意义上的认知封闭，即认知主体实际上已经从 p 合乎逻辑地推导出了 q，此时，该认知主体当然应该知道 q。也就是说，只要承认这种最弱意义上的认知封闭，对于推导出知道者悖论来说就足够了。

　　在形式算术的语言中，引入一个一元谓词 $K_i(x)$[①]，可把谓词 $K_i(x)$

---

① 这里虽然并不涉及多主体，但为了突出知道者悖论的语用特征，本文仍然用下标表示一个特定的认知主体。

解释为"认知主体 i 知道哥德尔数为 x 的语句"。经过这样扩充所得的系统记作 T。符号 $I(x, y)$ 是一种缩写，它表示"从 x 可以合乎逻辑地推导出 y"。则在系统 T 中，以上经典认识论的三条原则可分别表示如下：
(A_1) $K_i(\ulcorner\varphi\urcorner) \to \varphi$[①]；$(A_2)$ $K_i(\ulcorner K_i(\ulcorner\varphi\urcorner) \to \varphi\urcorner)$，或缩写为 $K_i(\ulcorner A_1\urcorner)$；$(A_3)$ $I(\ulcorner\varphi\urcorner, \ulcorner\phi\urcorner) \wedge K_i(\ulcorner\varphi\urcorner) \to K_i(\ulcorner\phi\urcorner)$。由哥德尔自指定理得，$\neg N \leftrightarrow \neg K_i(\ulcorner\neg N\urcorner)$ 是系统 T 的定理，上式逻辑等值变形得：

$$（G）N \leftrightarrow K_i(\ulcorner\neg N\urcorner)。$$

将上述认识论原则作如下代入：

(E_1) $K_i(\ulcorner\neg N\urcorner) \to \neg N$；

(E_2) $K_i(\ulcorner E_1\urcorner)$；

(E_3) $I(\ulcorner E_1\urcorner, \ulcorner\neg N\urcorner) \wedge K_i(\ulcorner E_1\urcorner) \to K_i(\ulcorner\neg N\urcorner)$。

由此可作如下演绎推导：

（1）$\vdash N \to K_i(\ulcorner\neg N\urcorner)$	G
（2）$E_1 \vdash N \to \neg N$	E_1（1）三段论
（3）$E_1 \vdash \neg N$	（2）归谬法
（4）$\vdash I(\ulcorner E_1\urcorner, \ulcorner\neg N\urcorner)$	（3）$\vdash$
（5）$E_3 \vdash K_i(\ulcorner E_1\urcorner) \to K_i(\ulcorner\neg N\urcorner)$	E_3（4）分离
（6）$\vdash K_i(\ulcorner\neg N\urcorner) E_2$	（5）分离
（7）$E_2 \wedge E_3 \vdash N$	G（6）

显然，（3）和（7）矛盾。该推导容易重塑为 N 与 $\neg N$ 间的矛盾等价式。

第三节　狭义知道者悖论与广义知道者悖论

在上一节最后严格意义的意外考试悖论之极限情况悖论的建构当中，矛盾等价式的得出所依据的前提（即背景知识）如前所述。形式算术在日常生活以及科学研究中经常会用到，它的合理性应当说是毋庸置疑的。在

---

① $\ulcorner\varphi\urcorner$ 表示语句 φ 的标准名称的哥德尔数。

认识论的三条原则中，原则（A_1）为柏拉图的经典知识概念所蕴涵，因此得到了哲学家们的普遍接受。对于一个具有正常思考能力的理想化认知主体来说，只要其一思考知识的概念，规则（A_2）就成立。规则（A_3）是经典认知逻辑所承认的认知封闭原则。因此，形式算术和认识论的三条原则具有高度的合理性，也就是说，矛盾等价式的得出所依据的背景知识为正常的理性认知共同体所公认为正确。

在前述解释之下，语句 N 是说，其自身的否定为认知主体 i 所知道。这与著名的说谎者语句（即"本语句为假"）的形式十分类似，因而可以将语句 N 称为"知道者语句"。正是因为这种相似性，有些人也将这种极限情况的悖论称为"类说谎者认知悖论"，或者更简洁地称之为"知道者悖论"（Knower Paradox）。

从前一节的建构过程来看，知道者悖论和意外考试悖论之间有着十分密切的联系。具体而言，知道者悖论当中的（A_1）、（A_2）和（A_3）实际上就是意外考试悖论当中的（C_1）、（C_3）和（C_4）。也就是说，知道者悖论的建立所需要的"公认正确的背景知识"集真包含于意外考试悖论的建立所需要的"公认正确的背景知识"集。不仅如此，知道者语句 N 与意外考试悖论当中的语句 P_3 在形式结构上也具有相似性，即都是自指语句，只不过后者更复杂一些。所以，"所有能处理知道者悖论的方案均可处理意外考试悖论，但反之不然"[①]。因此，所有知道者悖论的研究价值自然为意外考试悖论所具有。

正是出于上述相似性，在许多文献当中对"知道者悖论"和"意外考试悖论"这两个名称的使用存在不同程度的混淆。但是，意外考试悖论的建立所需要的"公认正确的背景知识"集当中除了包含知道者悖论的建立所需要的"公认正确的背景知识"之外，还包含像本书后面将要提到的 KK 规则这样的在哲学界广为争论的话题。也就是说，就"公认正确的背景知识"这一要素而言，意外考试悖论多于知道者悖论。因此，意外考试悖论显然有独立于知道者悖论的地方。

基于以上对"知道者悖论"与"意外考试悖论"这两个概念的澄清，以及对两者所处层次的分辨，为了在研究当中既避免混淆又加强联系，可以将两者有机地整合在一起。具体而言，出于语句 N 与 P_3 在形式结构上都与说谎者语句具有本质上的相似性，可以把两者统称为"知道者悖论"。但出于两者"公认正确的背景知识"集之"真包含"（或者"真包含

---

① 张建军：《逻辑悖论研究引论》，南京：南京大学出版社，2002 年，第 207 页。

于"）关系，则可以把原来的知道者悖论称为"狭义知道者悖论"，而将意外考试悖论称为"广义知道者悖论"。也就是说，本书所研究的不仅包括英文当中的 Knower Paradox，还包括英文当中的 The Surprise Examination Paradox。按照本书的区分，前者是狭义知道者悖论，而后者则是广义知道者悖论。两者合在一起构成本书的研究对象——知道者悖论。

"知识"（Knowledge）（或者其对应的动词"知道"）与"真""假""可满足"等语义概念不同，该词并不是单独出现的，总是同认知主体相伴而出现。也就是说，"知识"（或者"知道"）是一个语用概念。根据本章前面的梳理，知道者悖论区别于说谎者悖论和罗素悖论等经典悖论的显著特征在于，其除了包含"真"这样的语义概念之外，还包含"知识"这样的语用概念。按照本文所认同的悖论定义，知道者悖论的"公认正确的背景知识"之所指层面不仅含有语形或者语义要素，而且本质地包含"知识"这样的语用概念。所以，根据本文第一章的悖论分类，知道者悖论属于狭义逻辑悖论中的语用悖论。

此外，需要指出的是，在相关文献中还有一类知道者悖论——"道义逻辑中的知道者悖论"（the paradox knower in deontic logic）。考察下面三个语句：（i）在李四看守仓库期间张三在仓库放火；（ii）如果在李四看守仓库期间张三在仓库放火，那么李四应该知道这件事；（iii）张三不应该在仓库放火。由（i）和（ii）使用"分离规则"可得：（iv）李四应该知道张三在仓库防火。由前述认知规则（A_1）得：（v）李四知道张三在仓库放火"蕴含"张三在仓库放火。由（iv）、（v）和道义规则"被应该的东西蕴含的东西也是应该的"得：（vi）张三应该在仓库放火。（iii）和（vi）矛盾，这就是所谓"道义逻辑中的知道者悖论"。矛盾的导出所依赖的前提（也就是"公认正确的背景知识"）包括：表达事实的语句（i）、符合直觉的道义语句（ii）和（iii）、基本道义规则"被应该的东西所蕴含的东西也是应该的"、认知规则（A_1）以及经典逻辑中的分离规则。这些前提均为具有"道义思维"的认知共同体所普遍接受，因而该悖论是所谓的"严格意义的逻辑悖论"。从以上推导过程不难看出，如果没有认知规则（A_1），就得不出（v），而若没有（v）就无法应用道义规则，也就不可能得到（vi）。也就是说（A_1）在这里的矛盾导出中起到了至关重要的作用。因此，道义逻辑中的知道者悖论显然与本书所研究的知道者悖论有着十分密切的联系。但两者之间亦有本质上的区别，即道义逻辑中的知道者悖论本质地涉及了基本道义规则，因此，这已经超出了本书的研究范围。

第四节　知道者悖论的独立性

在知道者悖论被发现之初，并没有引起人们太多的注意。这是因为众所周知，按照柏拉图经典知识定义，"知识"是所谓"事实性命题态度"，即"知"蕴含"真"。这一性质为知道者悖论建构过程中的前提（A_1）[即 $K_i(\ulcorner\varphi\urcorner) \rightarrow \varphi$]所表达。于是有人就把知道者悖论产生的根源归结到了其中所含的"真"的问题[即对（A_1）的质疑]，认为既然关于"真"的问题已由说谎者悖论所揭示，则知道者悖论就没有什么独立的研究价值。直到关于信念的"相信者悖论"（Believer Paradox）的建立才令人信服地反驳了这种观点。这是因为"信念"并不是"事实性命题态度"，也就是说"信"不蕴含"真"。

相信者悖论起源于伯奇（T. Burge）对布里丹（J. Buridan）论证的分析与拓展。① 在《关于意义和真理的诡辩》（*Sophisms on Meaning and Truth*）一文中，布里丹假设黑板上写着如下语句：苏格拉底知道自己怀疑写在黑板上的语句。苏格拉底读这个语句，从头到尾思考它，并且不确定（怀疑）该语句是否为真。那么这个语句是否为真呢？有两种对该语句为真的论证和一种反对该语句的论证，也就是说在该语句是否为真的问题上存在着矛盾。布里丹通过反驳反对该语句的论证而将该语句视为真，从而解决这个难题。

布里丹在这里仅仅是在对付一个诡辩，而并没有涉及悖论。然而伯奇指出，如果用"不相信"代替"怀疑"，则仍然会导出矛盾。假设墙上写着以下语句：苏格拉底知道他不相信墙上的语句。假设苏格拉底是一个"理想的认知主体"（即具有起码的推理能力和记忆能力）。将"墙上的语句"缩写为 a。K 表示知道；B 表示相信；s 代表苏格拉底。I 是"可推导"关系的缩写。则从以下与布里丹的假设类似的假设出发就能够推导出矛盾：

（H_0）$a = K_s \neg B_s a$；

（H_1）$K_s \neg B_s a \rightarrow K_s K_s \neg B_s a$；

（H_2）$K_s a \rightarrow B_s a$；

（H_3）$K_s \neg B_s a \leftrightarrow \neg B_s a$；

① Burge T., "Buridan and Epistemic Paradox", *Philosophical Studies*, No.34, 1978: 21–35.

（H$_4$）$K_s(H_0 \wedge H_1 \wedge H_2 \wedge H_3)$;

（H$_5$）$I(H_0 \wedge H_1 \wedge H_2 \wedge H_3, \neg K_s \neg B_s a) \wedge K_s(H_0 \wedge H_1 \wedge H_2 \wedge H_3) \rightarrow K_s \neg K_s \neg B_s a$;

（H$_6$）$K_s \neg K_s \neg B_s a \rightarrow \neg B_s K_s \neg B_s a$。

其中（H$_0$）表示"墙上的语句是：苏格拉底知道他不相信墙上的语句"；（H$_1$）表示"如果苏格拉底知道他不相信 a，那么他知道这一点"；（H$_2$）表示"如果苏格拉底知道 a，那么他也相信 a"；（H$_3$）表示"苏格拉底知道他不相信 a，当且仅当他不相信 a"；（H$_4$）表示"苏格拉底知道前面 4 条规则"；（H$_5$）表示"如果从前面 4 条规则可以推导出苏格拉底不知道他不相信 a，并且苏格拉底知道前面 4 条规则，那么苏格拉底就知道他不知道自己不相信 a"；（H$_6$）表示"已知苏格拉底知道某些东西的否定，那么他就不相信这些东西"。

在此基础之上，伯奇进一步将以上假设进行简化，并且将其中的"知道"全部替换为"相信"，从而得到了一个更为简洁的结论，即从以下关于信念的合理的规则出发就能够推导出矛盾：

（A）$a' = \neg B_i a'$;

（B）$\neg B_i a' \rightarrow B_i \neg B_i a'$;

（C）$B_i a' \rightarrow B_i B_i a'$;

（D）$B_i B_i a' \rightarrow \neg B_i \neg B_i a'$。

其中 i 表示任意理性认知主体。

从伯奇的以上论证出发，就可以为"相信"这一概念建构严格意义的逻辑悖论。在形式算术系统的语言中引入一个一元谓词 $B_i(x)$，我们可以把谓词 $B_i(x)$ 解释为"认知主体 i 相信哥德尔数为 x 的语句"。经过这样扩充所得到的系统记作 Q^B。现在考虑下述语句 M：认知主体 i 不相信 M，即 $\neg B_i(\ulcorner M \urcorner)$。由"哥德尔自指定理"得，$M \leftrightarrow \neg B_i(\ulcorner M \urcorner)$ 是系统 Q^B 的定理。则以下规则合在一起就可以推导出矛盾：

（Δ_1）$B_i(\ulcorner M \urcorner) \rightarrow B_i(\ulcorner B_i(\ulcorner M \urcorner) \urcorner)$;

（Δ_2）$\neg B_i(\ulcorner M \urcorner) \rightarrow B_i(\ulcorner \neg B_i(\ulcorner M \urcorner) \urcorner)$;

（Δ_3）$B_i(\ulcorner B_i(\ulcorner M \urcorner) \urcorner) \rightarrow \neg B_i(\ulcorner \neg B_i(\ulcorner M \urcorner) \urcorner)$;

（Δ_4）$B_i(\ulcorner M \leftrightarrow \neg B_i(\ulcorner M \urcorner) \urcorner)$;

（Δ_5）$B_i(\ulcorner M \leftrightarrow \neg B_i(\ulcorner M \urcorner) \urcorner) \wedge \neg B_i(\ulcorner \neg B_i(\ulcorner M \urcorner) \urcorner) \rightarrow \neg B_i(\ulcorner M \urcorner)$;

（Δ_6）$B_i(\ulcorner M \leftrightarrow \neg B_i(\ulcorner M \urcorner)\urcorner) \wedge B_i(\ulcorner \neg B_i(\ulcorner M \urcorner)\urcorner) \rightarrow B_i(\ulcorner M \urcorner)$。

规则（Δ_1）是信念逻辑中的所谓"正自觉原则"的特例；（Δ_2）是所谓"负自觉原则"的特例；（Δ_3）是信念"合理性原则"的特例；（Δ_5）和（Δ_6）则是信念的演绎封闭规则的特例；（Δ_4）只是说认知主体能够理解 M 的含义并相信它。由此可作如下演绎推导：

（1）$B_i(\ulcorner M \urcorner)$ 假设

（2）$\Delta_1, (1) \vdash B_i(\ulcorner B_i(\ulcorner M \urcorner)\urcorner)$ （Δ_1）（1）分离

（3）$\Delta_1, (1), \Delta_3 \vdash \neg B_i(\ulcorner \neg B_i(\ulcorner M \urcorner)\urcorner)$ （Δ_3）（2）分离

（4）$\Delta_1, (1), \Delta_3, \Delta_4, \Delta_5 \vdash \neg B_i(\ulcorner M \urcorner)$ （Δ_4）（Δ_5）（3）分离

（5）$\Delta_1, \Delta_3, \Delta_4, \Delta_5 \vdash B_i(\ulcorner M \urcorner) \rightarrow \neg B_i(\ulcorner M \urcorner)$ （1）（4）消去假设

（6）$\Delta_1, \Delta_3, \Delta_4, \Delta_5 \vdash \neg B_i(\ulcorner M \urcorner)$ （5）归谬法

（7）$\Delta_1, \Delta_2, \Delta_3, \Delta_4, \Delta_5 \vdash B_i(\ulcorner \neg B_i(\ulcorner M \urcorner)\urcorner)$ （Δ_2）（6）分离

（8）$\Delta_1, \Delta_2, \Delta_3, \Delta_4, \Delta_5, \Delta_6 \vdash B_i(\ulcorner M \urcorner)$ （Δ_6）（7）分离

（6）和（8）矛盾。该推导容易重塑为 M 与 $\neg M$ 之间的矛盾等价式。矛盾等价式的得出所依据的前提（即背景知识）包括：（ⅰ）形式算术；（ⅱ）经典信念规则。前者是日常生活和科学研究的基本工具；后者是对认知主体合理思维的基本假设，即"理性人"假设。因此，它们都为日常进行合理思维的理性主体所公认为正确。在以上解释之下，语句 M 说的是，认知主体 i 不相信其自身，与知道者语句类似，可称之为"相信者语句"。所以根据严格意义的逻辑悖论的定义，上述矛盾等价式的建构式论证就是所谓"相信者悖论"。①

---

① 相信者悖论是关于"信念"这一重要哲学概念的逻辑悖论，这并不仅仅是因为它反驳了人们对普遍接受的认知规则（A_1）[即本文第三章提到的 $K_i(\ulcorner \varphi \urcorner) \rightarrow \varphi$] 的质疑，更是因为该悖论还具有其自身独特的意义与价值。首先，在西方哲学中，对"知识"问题的探讨一直是一个经久不衰的话题。经典知识理论认为知识是可辩护的真信念（即"知识 ↔ 信念 ∧ 为真 ∧ 可辩护"）。因此，"信念"是比"知识"更为基础的概念，对"知识"的分析可以进一步细化为对"信念"的分析（当然应该结合对"为真"和"可辩护"等的分析）。而对"信念"的性质的分析和认识不可避免地要面对相信者悖论。另一方面，有些表面看起来是知识的东西实质上却仅仅是信念。典型的例子是科学，对于一种科学理论来说，很难有一种绝对的标准来判定其真假。一种科学理论能否成为科学知识，取决于它能否被大多数科学家相信。实际上，所谓科学知识也就是相应科学家共同体的公共信念。因此，对科学知识的研究就要本质地涉及对信念的认识和研究。只有对"信念"这

正是因为"信念"属于"非事实性命题态度"（即"信不蕴涵真"），所以在相信者悖论的建立过程中，并不直接涉及"真"的因素。逻辑学家与哲学家们由此才认识到了知道者悖论是独立于说谎者悖论而存在的另一大类悖论。

第五节　知道者悖论与说谎者悖论之比较

尽管如前一节所论证的，知道者悖论与说谎者悖论是相互独立的两大不同类型的悖论，但两者之间却有着千丝万缕的联系。

一、类似的起源

说谎者悖论的最早形态出现于约公元前 6 世纪，为克里特岛人伊壁门尼德（Epimennides）所提出。他说："克里特岛人总是说谎。"那么，这句话是真还是假呢？假设这句话是真的，根据它所叙述的内容可知：克里特岛人所说的所有话都是假话，由于伊壁门尼德自己也是克里特岛人，那么他所说的话也都是假话，即这一句话也是假的。假设这句话是假的，根据其所叙述的内容可以得知：有的克里特岛人所说的有些话是真话，但是，我们无法进一步据此推出这句话本身为真。至此，从这句话的真可以推得它的假，但从它的假却无法推得它的真。公元前 4 世纪，欧布里德斯（Eubulides）把上述语句改述为如下形式：

　　某人说："我正在说的这句话是假的。"

根据推导容易得出：该语句为真，当且仅当，该语句为假。从而可以建立一个矛盾等价式。这就是说谎者悖论的起源。相应地也把欧布里德斯

个元层次上的概念有了准确的把握，才可能对科学知识进行研究。然而相信者悖论表明，目前对信念的性质的认识是相互矛盾的。由此可见，由于信念这一概念的重要性和基础性，相信者悖论在西方哲学中扮演着一个不可或缺的角色。其次，在日常生活中，人们所作出的绝大多数行动都是有根据的，不可能无缘无故地去采取一个行动（这里不考虑生物的应激反应），除非他精神失常。行动的前提与依据实际上就是信念。也就是说，在一般情况下，人们总是首先相信某些东西，然后再根据这些信念去采取相应的行动；信念的改变常常导致行动的改变。因此，在像博弈论这样研究人类行动的学科中都有"理性人"假设。在笔者看来，"囚徒疑难""塞尔顿连锁店疑难"等行动困境的深层次根源就在于它们所依赖的前提——"理性人"假设——中存在着矛盾，即相信者悖论。由此足见相信者悖论在当今方兴未艾的行动科学中的意义与价值。

改述过的语句称为"说谎者语句"。

由本章第一节可知,知道者悖论与说谎者悖论一样,都起源于日常生活中极其正常且平常的一件小事情或者一句话。看似高度符合直觉,没有任何人为生搬硬造的痕迹,然而仔细推敲之下却出现了令人意想不到的结果。这样的起源使得说谎者悖论与知道者悖论的背后不会有太多的哲学负载,因而它们所揭示出来的问题更加尖锐、更加根本,解决起来也更加困难。而这正是这两个悖论具有重要理论启发与无穷吸引力的源泉所在。

二、同构的形式

虽然说谎者悖论与知道者悖论都起源于看似平常的日常琐事,但是经过哲学与数学上的技术处理之后却可以超出日常语言直觉叙述的层面而在形式系统当中得到严格精确的刻画。

对说谎者悖论的精确刻画始自塔尔斯基对"真理"概念的定义,塔尔斯基的 T 型等值式起到了至关重要的作用:

（T）X 是真的,当且仅当,p。

其中的"p"代表任意语句,而"X"则代表该语句的名称。该式表达了"X 为真"与"p"这两个语句之间的逻辑关系为等值。例如,考察语句"雪是白的",则有:"雪是白的"为真,当且仅当,雪是白的。

设 $\mathbb{Z}$ 是一个有固定解释的形式语言,该解释给出了中的语句为真的定义,也就是说我们使用"真的"意指在该解释之下为真。为了给出 $\mathbb{Z}$ 中真理概念的形式表征,我们给 $\mathbb{Z}$ 进行哥德尔编码,而且假设 $\mathbb{Z}$ 当中包含数字（即在该解释之下代表整数的语形客体）。$\mathbb{Z}$ 的一个真理谓词是一个公式 $T_r(y)$,满足对 $\mathbb{Z}$ 的每个语句 F,有双条件句 $T_r(\ulcorner F \urcorner) \leftrightarrow F$ 为真（注意,$\ulcorner F \urcorner$ 是 F 的哥德尔数;在该定义中,$T_r(y)$ 可以是 $\mathbb{Z}$ 中的一个公式,也可以是 $\mathbb{Z}$ 的某个扩充当中的一个公式,在后一种情况下,双条件句所表达的真理意指它在这种更丰富语言的固定解释之下为真）。这样,前述塔尔斯基 T 型等值式就在语言 $\mathbb{Z}$ 当中得到了表达。基于此,可以证明如下定理:

塔尔斯基定理:没有足够丰富的形式语言能够包含其自身的真理谓词。

实际上，塔尔斯基定理是如下固定点引理的直接推论：

固定点引理：

设 F(y) 是任意公式，则存在一个公式 H 满足：H↔F(m)，其中 m 是 H 的哥德尔数。

考虑皮亚诺算术语言 $\mathbb{Z}_{PA}$，设 T(y) 是 $\mathbb{Z}_{PA}$ 的任意带有一个自变元的公式。将固定点引理应用于公式 ¬T(y)，则存在 $\mathbb{Z}_{PA}$ 的一个语句 H，使得 fi¬T (´H´) ↔H。因此，由 PA 的可靠性可得，¬T (´H´) ↔H 在 PA 的固定解释之下为真。但如果这样的话，T(y) 就不可能是 $\mathbb{Z}_{PA}$ 的一个真理谓词，也就是说它不能对公式 H 扮演一个真理谓词的角色。该证明过程实际上就是说谎者悖论在皮亚诺算术系统当中的纯语形表达，它实际上与如下纯粹语义表达相对应：设 L 是语句 "L 不是真的"。如果 L 为真，那么它不为真；并且如果它不为真，那么它为真——矛盾！矛盾的产生似乎源自如下假设，即 "……是真的" 在所使用的语言当中扮演一个真理谓词的角色。

　　显然，如果将上述 T(y) 解释成 "知道" 谓词，则所得到的就是知道者悖论的纯语形刻画。正如蒙塔古与卡普兰在提出知道者悖论的那篇著名的文章的结尾处所言："运用说谎者悖论，塔尔斯基已经获得了一个相同的结论：任意包含基本语形装置，并且在其定理中包含所有形如 $T (´φ´) \equiv φ$ 的语句，这样的形式系统，都是不相容的。"[1] 也就是说，在公式 ¬T (´H´) ↔H 当中，如果将 T(y) 解释成真理谓词，即 "y 是真的"，则所得到的就是说谎者悖论；如果将 T(y) 解释成知识谓词，即 "y 是知道的"，则所得到的就是知道者悖论。

　　需要注意的是，这里的知道者语句 ¬T (´H´) ↔H 与前述蒙塔古最初建构知道者悖论时所使用的知道者语句 $N↔K_i (´¬N´)$ 在形式上略有不同，但这并不影响问题的实质。因为如果将知道者语句理解为这里的 ¬T (´H´) ↔H，则使用如下合理的推理规则：

如果 ⊢φ，那么 ⊢K(´φ´)，

代替前述推导中的 (E_2) 与 (E_3)，也可以得出相同的推导。

---

[1]　Montague R. and Kaplan D., "A Paradox Regained", *Notre Dame Journal of Formal Logic*, No.1, 1960: 88.

不难看出，这种同构性实际上源自于说谎者语句与知道者语句在结构上是一致的，即都是所谓"自指"（self-reference）语句（谈论其自身的语句）。但在这里必须纠正的一种常见的误解是：说谎者悖论与知道者悖论源于自指语句的不合法性，即是"自指"导致了悖论。"亚布洛悖论"[①]和"盖福曼－孔斯悖论"[②]等非自指悖论的建构也已经令人信服地表明，即使不诉诸自指，仍然会出现悖论，也就是说自指并不是悖论产生的充分条件。实际上，自指是语言表达能力的一种表现。自然语言当中的自指现象是普遍存在的，并不会导致矛盾。而如下"哥德尔自指定理"（前述固定点引理就是哥德尔自指定理的直接推论）也令人信服地表明，自指公式在形式语言当中同样是合法的：

> 哥德尔自指定理：对形式语言的任意公式 $\varphi(x, v_1, \cdots, v_n)$，我们都可以找到一个公式 $\varphi(v_1, \cdots, v_n)$，使得 $R \vdash (\forall v_1) \cdots (\forall v_n)(\varphi(v_1, \cdots, v_n) \leftrightarrow \varphi(\ulcorner \varphi \urcorner, v_1, \cdots, v_n))$。

因此，知道者悖论与说谎者悖论并不是对语言当中存在自指现象的否定，而是表明了我们对语言的理解是有缺陷的。正如伯奇所言："悖论应视为弄清我们的语言和概念的深层精妙特性的手段……"[③]

三、平行的哲学意涵

蒙塔古和卡普兰在建构知道者悖论之后就隐约认识到了其与说谎者悖论在形式结构上的相似性，但他们同时也认识到了这两者是不同的，"塔尔斯基的结论与我们的结论之间的精确关系目前尚不清楚，但这显然是进一步研究的一个有趣的话题"。[④] 要搞清楚这种"精确关系"，关键在于对"逻辑悖论"的正确认识。如前所述，一个逻辑悖论需要满足如下三要素："公认正确的背景知识""严密无误的逻辑推导""可建立矛盾等价式"。形式上的同构性表明了知道者悖论与说谎者悖论在后两个要素上的一致性。因此，它们之间的区别只能从"公认正确的背景知识"这一要素上

① Yablo S., "Paradox without Self-reference", *Analysis*, No.53, 1993: 251–252.
② Koons R. C., *Paradoxes of Belief and Strategic Rationality*, Cambridge: Cambridge University Press, 1992: 4–9.
③ Burge T., "Buridan and Epistemic Paradox", *Philosophical Studies*, No.34, 1978: 7.
④ Montague R. and Kaplan D., "A Paradox Regained", *Notre Dame Journal of Formal Logic*, No.1, 1960: 88.

探寻。

对于说谎者悖论而言，在塔尔斯基 T 型等值式的基础上考察说谎者语句 L：L 不是真的，可以给出如下相较前述形式化建构更具体、更符合直观的推导（其中，符号"⊥"代表矛盾；"莱布尼兹律"即"同一替换"定律）：

（1）L="L 不是真的"	定义
（2）L 是真的，当且仅当，L 不是真的	T 型等值式
（3）L 是真的	假设
（4）"L 不是真的"是真的	（1），（3），莱布尼兹律
（5）L 不是真的	（2），（4），经典逻辑
（6）L 不是真的	（3）—（5），归谬法
（7）"L 不是真的"是真的	（2），（6），经典逻辑
（8）L 是真的	（1），（7），莱布尼兹律
（9）⊥	（6），（8）

该推导容易重塑为"L 不是真的"与"L 是真的"间的矛盾等价式。不难看出，这里"公认正确的背景知识"包括：第一，所使用的语言（例如，英语或者汉语等自然语言）除了包含该语言普通的表达式之外，还包含这些表达式的名称，以及例如指称该语言的语句的"真"的语义项；并且所有确定该项的恰当性用法的语句能够在该语言中被断定。塔尔斯基称具有该性质的语言是"语义普遍的"（semantically universal）或者"语义封闭的"（semantically closed）。第二，在该语言中，经典逻辑法则成立。至于 T 型等值式，则只是对亚里士多德所提出的对"真"的如下直观理解的精确化处理："说是者为非，非者为是，这是假的；说是者为是，非者为非，这是真的。"[①]因此，并不是 T 型等值式导致了说谎者悖论，恰恰相反，该式使得该悖论的表述更为清晰严格。

我们日常使用的汉语或者英语等自然语言具有语义普遍性或者语义封闭性，这一点是显而易见的。经典逻辑是从亚里士多德开始，经过两千年千锤百炼而总结出来的人类思维的最基本规律。然而如果再加之人们对"真理"这一概念的直觉理解，那么就会导致矛盾产生。说谎者悖论正是以最简洁的形式说明了这一点。如果按照归谬法的思路，说明三者当中至

[①] Aristotle, *Metaphysics*, Ross W. D.(trans.), Oxford: Clarendon Press, 1908: 27.

少有一个为假。但哲学家们研究了千百年之后仍然没有找到为假的究竟是哪个或哪几个，这正是悖论区别于归谬法之处，悖论之"悖"也在于此。在与说谎者悖论做斗争的过程中，关于"真"等语义概念的理论不断得到精确化与系统化，同时也催生了"亚相容逻辑"等一系列非经典逻辑的诞生。这正是说谎者悖论重要的哲学与方法论价值之所在。

对于知道者悖论而言，"公认正确的背景知识"包括：第一，形式算术系统；第二，对"知识"概念的直觉认识。其中，形式算术就是我们日常所使用的算术的形式化表达。关于知识的第一条直觉认识亦有着悠久的历史，为柏拉图的经典知识概念所蕴涵。对于一个正常的认知主体来说，只要其一思考知识的概念，第二条直觉显然就是成立的。而关于知识的第三条直觉则是所谓"认知封闭"原则。知道者悖论表明，把这些单独看来都高度符合直觉的规律放在一起就会导出矛盾。而对该悖论的研究与解决就会本质地涉及对传统知识论以及认知逻辑的进一步反思与改进，知道者悖论多层面的学术价值即体现于此。

综上所述，根据本书所依据的严格意义的逻辑悖论的定义，可以进一步明确蒙塔古与卡普兰所提出的知道者悖论与说谎者悖论的"精确关系"，即除了形式上的同构性外，两者之间的重要差异在于其所分别依据的"公认正确的背景知识"不同，前者是关于知识论的而后者是关于真理理论的。因此，知道者悖论之于知识论的价值与说谎者悖论之于真理理论的价值是"平行"的。

总而言之，通过前述深刻剖析与系统比较不难发现，知道者悖论与说谎者悖论在起源、形式结构上极其相似。然而，根据逻辑悖论的语用学界说，两者的重大区别在于各自不同的哲学意涵，这显然是对蒙塔古和卡普兰在知道者悖论那篇开创性文章的结尾处所提出的需要进一步研究的问题给出了部分解答。

求真与除错是人类认知活动的内在价值之所在。获得真理实际上就等同于拥有知识，因而"真理"与"知识"有着密不可分的关系。正是这种深刻关联构成了前述对知道者悖论与说谎者悖论进行比较的深层次根基。知道者悖论是现代逻辑发展向现代哲学提出的一个十分基本的问题，其地位可与传统哲学中的说谎者悖论相提并论；至少，可以说该问题与知识论之间的关系，和说谎者悖论与真理理论之间的关系相类似。

第三章　狭义知道者悖论解决方案

根据本书的界定，狭义知道者悖论是卡普兰和蒙塔古于 1960 年构造出来的。该悖论的第一种解决方案是蒙塔古本人于 1963 年提出的。之后一直到 20 世纪 80 年代，狭义知道者悖论的研究一直处在高潮。一个显著的标志是，1986 年举办的第一届 TARK 会议上，狭义知道者悖论及其相关问题是探讨的核心问题。2001 年异化知道者悖论方案的提出，标志着狭义知道者悖论的研究进入到新一轮高潮，并一直持续至今。本章详尽探讨在上述过程当中狭义知道者悖论的代表性解决方案，并在此基础上根据本文所认同的关于悖论的一般理论，来评价这些解悖方案的优点与缺点，进而总结出解悖方案的总体特征。根据第二章第三节所论述的狭义知道者悖论与广义知道者悖论之间的相互关系，本章所探讨的每一种方案自然也是广义知道者悖论的解决方案，本章所得到的结论自然也适用于广义知道者悖论。

第一节　"算子观点"方案

蒙塔古不仅和卡普兰一起发现了狭义知道者悖论，而且也是最早探索该悖论产生的原因进而寻找出路的人。在发现该悖论三年之后，蒙塔古就找到了自认为合理的解决方案，这就是所谓"算子观点"，它是历史上第一种解决狭义知道者悖论的方案，产生了十分广泛的影响。

"算子观点"[1] 是蒙塔古通过推广塔尔斯基（A. Tarksi）所证明的"真理的不可定义性"这一结论[2] 而提出的一种解决知道者悖论的方案。

按照卡尔纳普（R. Carnap）和蒯因的观点，应该把像"必然""可能"这样的模态项处理为表达式的谓词，而不是语句形成算子。据此，应该拒

---

[1] Montague R., "Syntactical Treatments of Modality, with Corollaries on Reflection Principle and Finite Axiomatizability", *Acta Philosophica Fennica*, No.16, 1963: 153–167.

[2] Tarski A., "The Concept of Truth in Formalized Languages", *Logic, Semantics, Metamathematics*, Woodger J. H.(trans.), New York: Oxford University Press, 1956: 65.

斥形如"必然地，人是有理性的"这样的表达，而应该接纳形如"'人是有理性的'是必然的"这样的表达。也就是说，为了产生一个有意义的语境，一个模态项不应该被放在一个语句或者公式的前面，而应该放在一个语句或者公式（或者一个变项，其值被理解为包含语句）的一个名称的前面。这样一种处理方式的优点是显而易见的：如果模态项变为谓词，它们将不再产生内涵语境，并且可以运用带等词的谓词演算的一般规则。正如前面所看到的，在知道者悖论的推导过程中对"知道"的处理正是遵循了这种策略。于是，蒙塔古就从这一点入手探寻知道者悖论产生的根源。蒙塔古证明，如果形式系统 T 满足以下四个条件［其中 $\alpha(x)$ 是一元谓词］：

（i）T 包含形式算术的公理；

（ii）T 在逻辑蕴涵下封闭；

（iii）T 包含蕴涵式 $\alpha(\ulcorner\phi\urcorner) \to \phi$ 的所有特例；

（iv）T 包含模式 $\alpha(\ulcorner\alpha(\ulcorner\phi\urcorner) \to \phi\urcorner)$ 的所有特例。

那么 T 就是不相容的。

为了证明任意这样的 T 的不相容性，蒙塔古首先构造出了一个语句 τ，对于该语句，$\tau \leftrightarrow \alpha(\ulcorner\chi \to \neg\tau\urcorner)$ 在形式算术中是可证的[1]，因此它在理论 T 中也是可证的（这里的 χ 是形式算术的公理的合取）。实际上，语句 τ 断定：在假设形式算术的情况下，τ 不是真的是可证的。因为这个等价式是形式算术的一条定理，所以 $\chi \to (\tau \leftrightarrow \alpha(\ulcorner\chi \to \neg\tau\urcorner))$ 在逻辑上是可证的。对蒙塔古的上述结论的证明如下：

（1）$\vdash_T \alpha(\ulcorner\chi \to (\tau \leftrightarrow \alpha(\ulcorner\chi \to \neg\tau\urcorner))\urcorner)$　　　　　　　（ii）

（2）$\vdash_T \alpha(\ulcorner\alpha(\ulcorner\chi \to \neg\tau\urcorner) \to (\chi \to \tau)\urcorner)$　　　　　　（iv）

（3）$\vdash_T \alpha(\ulcorner\chi \to \neg\tau\urcorner)$　　　　　　　　　　（1）（2）（ii）

（4）$\vdash_T \chi \to \tau$　　　　　　　　　　　　　　　　（3）（iii）

（5）$\vdash_T \neg\tau$　　　　　　　　　　　　　　　　　　（4）（i）（ii）

（6）$\vdash_T \neg\alpha(\ulcorner\chi \to \neg\tau\urcorner)$　　　　　　　（5）（i）（ii）自指引理

（3）和（6）矛盾，结论得证。

---

① Cf. Montague R., "Semantical Closure and Non-Finite Axiomatizability I", Infinitistic Methods, 1961: 45–69.

　　显然，若把 $\alpha(x)$ 解释成"x 是必然的"，悖论仍可得以建构。于是，蒙塔古得出结论说：

　　　　因此，如果从语形的角度看待必然性，即如卡尔纳普和蒯因所极力主张的那样作为一个语句的谓词，那么几乎所有模态逻辑，甚至最弱的系统 S1，都必须被牺牲掉。[①]

紧接着蒙塔古就提出了自己的看法：

　　　　这并不是说刘易斯系统没有自然的解释。事实上，如果必然性被看作一个语句算子，则完全自然的模型论解释可以被找到。[②]

　　这就是"算子观点"。对于狭义知道者悖论的解决，只要把上述 $\alpha(x)$ 解释为"知道"，则同样的论证也成立，结论是知识的对象也应该刻画为可能世界的集合。

　　算子观点对蒙塔古建构其一般内涵逻辑起到了重要的启发作用。不仅如此，更为重要的是，它为人们运用标准克里普克模型理论考察关于必然性、知识、理想信念的问题的悖论由以导出的公理之间的蕴含、等价或独立等关系提供了切实可行的途径。正是由于算子观点的这些重要价值，它得到了托马森（R. Thomason）的支持[③]，他证明了，如果形式算术系统 T 满足下述五个条件：

　　　　（Ⅰ）$\alpha(\ulcorner\varphi\urcorner) \rightarrow \alpha(\ulcorner\alpha(\ulcorner\varphi\urcorner)\urcorner)$；

　　　　（Ⅱ）$\alpha(\ulcorner\alpha(\ulcorner\varphi\urcorner) \rightarrow \varphi\urcorner)$；

　　　　（Ⅲ）$\alpha(\ulcorner\varphi\urcorner)$，若 φ 是一阶逻辑公理；

　　　　（Ⅳ）$\alpha(\ulcorner\varphi \rightarrow \phi\urcorner) \rightarrow (\alpha(\ulcorner\varphi\urcorner) \rightarrow \alpha(\ulcorner\phi\urcorner))$；

　　　　（Ⅴ）$\alpha(\ulcorner\varphi\urcorner)$，若 φ 是形式算术公理。

则对任意语句 ε，都可以在 T 中证明 $\alpha(\ulcorner\varepsilon\urcorner)$。

① Montague R., "Syntactical Treatments of Modality, with Corollaries on Reflection Principle and Finite Axiomatizability", *Acta Philosophica Fennica*, No.16, 1963: 161.

② Ibid.

③ Thomason R., "A Note on Syntactical Treatments of Modality", *Synthese*, No.44, 1980: 391–395.

证明：首先由哥德尔自指定理在系统 T 中构造合式公式 κ：$\kappa \leftrightarrow \alpha(\ulcorner\neg\kappa\urcorner)$，然后进行推理。

$$
\begin{array}{ll}
(1)\vdash_T \kappa \leftrightarrow \alpha(\ulcorner\neg\kappa\urcorner) & \text{定义} \\
(2)\vdash_T (\alpha(\ulcorner\neg\kappa\urcorner) \to \neg\kappa) \to \neg\kappa & (1)\text{命题逻辑} \\
(3)\ \alpha(\ulcorner(\alpha(\ulcorner\neg\kappa\urcorner) \to \neg\kappa) \to \neg\kappa\urcorner) & (\text{III})(\text{V})(2) \\
(4)\ \alpha(\ulcorner\alpha(\ulcorner\neg\kappa\urcorner) \to \neg\kappa\urcorner) & (\text{II}) \\
(5)\ \alpha(\ulcorner\neg\kappa\urcorner) & (3)(4)(\text{IV}) \\
(6)\ \alpha(\ulcorner\alpha(\ulcorner\neg\kappa\urcorner)\urcorner) & (5)(\text{I}) \\
(7)\ \alpha(\ulcorner\alpha(\ulcorner\neg\kappa\urcorner) \to \kappa\urcorner) & (1)(\text{III})(\text{V}) \\
(8)\ \alpha(\ulcorner\kappa\urcorner) & (6)(7)(\text{IV})
\end{array}
$$

由（5）、（8）和（III）、（IV）出发，就可以对任意语句 ε，在 T 中证明 $\alpha(\ulcorner\varepsilon\urcorner)$。

该结论并不表明 T 是不相容的，但如果给该系统添加如下公理：

（IB）$\neg\alpha(\ulcorner\bot\urcorner)$，

这里的"$\bot$"表示任意谬误，则根据托马森的上述结论得，在 T 中可以证明 $\alpha(\ulcorner\bot\urcorner)$。这样就得到了一个实际的矛盾。因而所得到的系统就是不相容的。

托马森认为上述条件（I）—（V）刻画了"理想信念"或者"理想知识"的特征。例如，如果用"$B_i(x)$"表示"认知主体 i 相信哥德尔数为 x 的语句"，则这五个条件变为：

（I'）$B_i(\ulcorner\varphi\urcorner) \to B_i(\ulcorner B_i(\ulcorner\varphi\urcorner)\urcorner)$；

（II'）$B_i(\ulcorner B_i(\ulcorner\varphi\urcorner) \to \varphi\urcorner)$；

（III'）$B_i(\ulcorner\varphi\urcorner)$，若 φ 是一阶逻辑公理；

（IV'）$B_i(\ulcorner\varphi \to \phi\urcorner) \to (B_i(\ulcorner\varphi\urcorner) \to B_i(\ulcorner\phi\urcorner))$；

（V'）$B_i(\ulcorner\varphi\urcorner)$，若 φ 是形式算术公理。

条件（I'）是所谓"强自觉原则"，它的意思是：如果认知主体相信某些东西，则该认知主体就相信自己具有该信念。（II'）即"强自信原则"，这是信念自信的一个要求：对信念的任意已知的可能客体，主体相信自己不相信它，除非它为真。（IV'）是信念封闭原则。（III'）和（V'）则是"充分理想"的应有之义。由此，托马森得出结论说，"这似乎足以表明，理想化的信念作为一种语形谓词的一种相容的理论是有问题的"。

条件（I'）—（V'）刻画了理想化信念的基本特征，但这些条件分别在它们所要求的程度和种类之内又各不相同。条件（III'）和（IV'）合在一起要求认知主体相信所有逻辑真理和自己的信念的所有逻辑后承。满足这两个条件的认知主体是一个理想的推理者，然而它们所表达的信念的理想化又是最有争议的。条件（I'）刻画了认知主体自己思想活动的一种有限制的"觉识"（awareness）。[1]说条件（I'）是理想化的，是因为它蕴涵着，如果一个主体具有一个信念，那么该认知主体就具有关于信念的信念，具有关于关于信念的信念的信念，等等，以至无限。同理，说条件（II'）是理想化的，是因为如果（II'）被断定对任意φ成立，则就必然会有无限数量的信念存在。信念自信的概念自身并不构成一种理想化。由于只有高度理想的认知主体才满足条件（I'）—（V'），所以该结果可称之为"理想相信者悖论"。该悖论的提出使人们对事实性命题态度的悖论与非事实性命题态度的悖论之间的区别又有了新的认识。

第二节　知识修正程序方案

古普塔（A. Gupta）所创立的真理的修正理论为说谎者悖论提出了一种解决方案——"真理修正程序"方案。该理论认为，塔尔斯基"T-模式"（X是真的，当且仅当p）的特例（即"T-双条件句"）为真理概念提供了一种描述性的部分定义，这种定义是循环的。语义悖论的产生就源于这种循环。循此思路，博迪李（B. D. Lee）认为，狭义知道者悖论产生的原因在于，该悖论中所包含的知识概念是循环的，这种循环独立于真理的循环。[2]

博迪李采用了柏拉图经典知识定义，即如下模式：i知道φ，当且仅当（1）φ为真；（2）i相信φ；（3）i对φ的相信是证成了的。他把知识的这种定义模式称为"K-模式"，把该模式的特例称为"K-双条件句"。博迪李认为，与真理概念相类似，K-双条件句给出了知识概念的部分定

---

① 之所以说这种觉识是有限制的，是因为条件（I'）并不要求如果认知主体不相信某东西，那么该认知主体就相信自己不相信它。

② Lee B. D., "The Knower Paradox Revisited", *Philosophical Studies*, No.98, 2000: 221–231.

义；有充分的理由认为这种部分定义是循环的。考虑下面的K-双条件句：
i 知道 i 不知道 φ，当且仅当

（i）i 不知道 φ；

（ii）i 相信 i 不知道 φ；

（iii）i 对 i 不知道 φ 这一信念是证成了的。

显而易见，在知识的这个部分定义中，定义项中包含"知道"一词，并且它是不可消去的。这是因为，条件（ii）涉及 i 关于其知识的信念，并且 i 也许对知识或可辩护的概念有误解。因此，就有理由认为以上K-双条件句是知识的一个循环定义，它解释了 i 对语句 "$\neg K_i(\ulcorner\varphi\urcorner)$" 中的知识的组成部分。

博迪李接下来考察了导出狭义知道者悖论时所使用的双条件句（即自指语句）：$\varphi\leftrightarrow\neg K_i(\ulcorner\varphi\urcorner)$，记作 M。假设 i 对 φ 有一个证成了的真信念，则由以上知识的定义得 $K_i(\ulcorner\varphi\urcorner)$。因此，由 M 得 "$\neg\varphi$" 为真。因为该推理是简单的，所以 i 就对 $\neg\varphi$ 有一个证成了的真信念。再次运用以上知识的定义可得 $K_i(\ulcorner\neg\varphi\urcorner)$。所以，由知识的一致性原则可得 $\neg K_i(\ulcorner\varphi\urcorner)$，与假设矛盾。这样，由归谬法得，$i$ 对 φ 没有一个证成了的真信念。同样根据知识的定义得 $\neg K_i(\ulcorner\varphi\urcorner)$。由 M 得 "φ" 为真。因为这个推理是简单的，所以 i 对 φ 有一个证成了的真信念。由知识的定义得 $K_i(\ulcorner\varphi\urcorner)$。与上面矛盾。因而，没有确切的方法确定 i 是否知道 φ。通过以上分析，博迪李得出的结论是，语句 "$\neg K_i(\ulcorner\varphi\urcorner)$" 表现出的上述特征与古普塔所考察的说谎者语句的情形是类似的。

仿照古普塔，博迪李认为可以把 i 的知识的一个任意外延作为一个假设，来评估 "$\neg K_i(\ulcorner\varphi\urcorner)$"。如上所述，K-双条件句给出了知识概念的部分定义，因而可以用一个带有假设特征的修正规则来给出 i 关于 φ 的知识。对知识的一条很自然的修正规则如下：

在一个修正阶段上 i 的可辩护的真信念决定了知识在下一阶段的外延。

可以通过使用这条修正来评估语句 "φ"。设 $[K]_\varepsilon$ 是 i 的知识在第 ε 阶段的外延，这里的 ε 是一个序数。把 "$\varphi\in[K]_0$" 作为一个假设，则 "$K_i(\ulcorner\varphi\urcorner)$" 在第 0 阶段为真。因此，由 M 得 "$\neg\varphi$" 为真。因为这个推理是简单的，所以 $\neg\varphi$

能够成为 i 在该阶段的一个可辩护的真信念。根据修正规则，"$\neg\varphi$"$\in[K]_1$。这样，由知识的一致性条件得，"φ"$\notin[K]_1$。所以"$\neg K_i$（'φ'）"在第 1 阶段为真。因此，由 M 得"φ"为真。现在，因为这个推理是简单的，所以"φ"能够成为 i 在第 1 阶段的一个证成了的真信念。再次运用修正规则可得"φ"$\in[K]_2$。这样的过程可以无限进行下去。作为结果，将得到下述修正模式：

$$\text{"}\varphi\text{"}\in[K]_0\text{；"}\varphi\text{"}\notin[K]_1\text{；"}\varphi\text{"}\in[K]_2\text{；"}\varphi\text{"}\notin[K]_3\text{；……}$$

另一方面，如果假设"φ"在 i 在第 0 阶段的知识的外延以外，则将有以下修正模式：

$$\text{"}\varphi\text{"}\notin[K]_0\text{；"}\varphi\text{"}\in[K]_1\text{；"}\varphi\text{"}\notin[K]_2\text{；"}\varphi\text{"}\in[K]_3\text{；……}$$

由此可见，"φ"在所有修正序列中是不稳定的，但都是"合规则"运行的，只是不能产生"确定"的判断而已。因此，"φ"是 i 的一个在认知上病态的语句。博迪李认为，修正阶段的不同能够避免从双条件句 M 产生矛盾，即如果"φ"在某一修正阶段为真，则"$\neg\varphi$"在另外一个不同的阶段为假。

　　通过以上分析，博迪李得出结论说，狭义知道者悖论产生的原因是其中所包含的知识概念是循环的，而支配知识运行的规则是相容的。知识的修正理论恰恰揭示出了知道者语句的病态特征。

　　博迪李的这种解悖方案的优点在于，它与经典逻辑是相协调的；再者，该方案把对狭义知道者悖论的静态分析转化成了一种动态分析，显示了其与辩证哲学之间的联系。尽管如此，知识的修正理论的局限性也是显而易见的。因为"知识确定性"不能归属于对象语言，所以知识的修正理论也必须诉诸于一种在自然语言中并不存在的元语言层次，而这种层次不能在自然语言中得到合理表达，用克里普克（S. A. Kripke）的话说就是"塔尔斯基的幽灵仍然纠缠着我们"[1]。因此，从 RZH 解悖标准的角度来看，博迪李的这种知识的修正理论具有高度的特设性。

---

[1]　Kripke S. A., "Outline of a Theory of Truth", *The Journal of Philosophy*, No.72, 1975: 697.

第三节　索引性方案

安德森（C. A. Anderson）在考察了一些解决狭义知道者悖论的方案之后认为，虽然"真值间隙"方案不是一种合理的解决方案，但其思想是有价值的，即谓词或性质的某种层级确实在起作用。可以把 $K_0[\ulcorner(\forall x)(K_0(x)\vee\neg K_0(x))\urcorner]$ 认为是合式公式，但必须把它看作总是为假的。因此，一种层级是需要的。在这种思想的指导之下，安德森运用伯奇型语境敏感谓词的思路给出了狭义知道者悖论的一种语境敏感解决方案。[①]

用一些逻辑常项去扩充皮亚诺算术系统或者鲁滨逊算术系统 Q，扩充后的系统称为 Q^*。假设在 Q^* 中可表达的东西（这些东西被一个特定的认知主体知道，把该认知主体记作♀）组成一个特定的集合 K_0。集合 K_0 是递归可数的，例如，如果 K_0 是有限的，则无论它可能有多大。由此建构一个形式系统，其定理是那些可以由形式算术的公理与 K_0 的语句合在一起推导出来的语句。当然，不必假设该语言自身包含一个知识谓词。

现在可以问关于 Q^* 的各种各样的问题。例如，Q^* 是相容的吗？回答是肯定的，它确实是相容的。实际上，Q^* 的所有定理都是真的，这是因为 Q^* 的公理为真（在标准解释中），并且已经添加了那些恰好对认知主体♀来说知道（并且因此为真）的东西，而且推理规则保真。因此，Q^* 的每一条定理都为真。所以 Q^* 是相容的。

在这里已经发现了一件可能超越了认知主体♀的知识领域的事情。以认知主体♀不知道的一些更为基础的东西开始。设 G^* 是对 Q^* 的哥德尔语句。则因为 Q^* 包含形式算术，所以有：

$$(♪)\vdash G^*\leftrightarrow\neg Bew(\ulcorner G^*\urcorner)。$$

这里的 "$Bew(x)$" 是对 Q^* 的算术化的可证性谓词[②]。仿照哥德尔的推理，可以问 G^* 在 Q^* 中是否可证。如果是，则由♪得，$\neg Bew(\ulcorner G^*\urcorner)$ 在 Q^* 中将是可证的。但由此得，某些为假的东西在 Q^* 中将是可证的，然而前面已经表明这是不可能的。由此可得，G^* 也不在 K_0 中，否则它将在 Q^* 中可证。所以，认知主体♀不知道 G^*。但我能够知道它，因为我知道 K_0 中的东西。这样，刚才就已经给出了一个 G 在 Q^* 中不可证的证明——并且

---

① Anderson C. A., "The Paradox of the Knower", *The Journal of Philosophy*, No.80, 1983: 338–355.

② 这里的 "*Bew*" 来自德文 "beweisbar"，意思是 "可证"。

在那种情况中它为真。因此，G^* 能够在由我所知道的东西所构成的集合 K_1 中。同理，认知主体♀不知道 $\neg Bew$（⊥）（"Q^* 是相容的"的算术形式）。这里使用了哥德尔第二不完全性定理。

现在假设我是认知主体♀。这里的论证似乎表明，必须区分我在阶段 K_0 所知道的东西，和考虑哥德尔论证之后，我在阶段 K_1 所知道的东西。有人也许会说，这仅仅表明我所知道的东西不能形成一个递归可数集合。也许这是我能够知道的为真的东西，但它似乎不是我确实知道的为真的东西。如果你否认这一点，则你似乎承认如下思想，即任意能够得出该证明的人都知道有限数量的东西。

接下来，安德森将上述思想应用在了狭义知道者悖论上。在导出该悖论的前提（即前文中的 A_1—A_3 与 G）中，G 在包含谓词 "$K_i(x)$" 的系统 Q^* 中是可证的，并且在保持算术上固定的解释的基础之上，无论如何解释 "K_i"，G 都为真。（A_1）对于任意值得尊重的知识概念来说都将是真的。因此，知识层级的思想应该被应用于（A_2）与（A_3）。

设 "$I(x, y)$" 是加在形式算术上的一个 "正确推导" 谓词。设 Λ 为某些已经知道的 "真东西"，即重言式。则对一个特定的语句 Ω，由哥德尔自指定理得，以下公式在 Q^* 中是可证的：

（i）$\Omega \leftrightarrow I(\ulcorner \Lambda \urcorner, \ulcorner \neg \Omega \urcorner)$；

由 "正确推导" 的确切含义得，对任意语句 φ 和 ϕ，下式为真：

（ii）$I(\ulcorner \varphi \urcorner, \ulcorner \phi \urcorner) \rightarrow (\varphi \rightarrow \phi)$；

在（ii）中用 Λ 和 ¬Ω 分别替换 φ 和 ϕ 得：

（iii）$\Lambda \rightarrow \neg \Omega$；

并且由此可得：

（iv）$\neg \Omega$。

现在假设从 Λ 推出了 ¬Ω。这一推理正确吗？知道（i）和（ii），并且因为已经推出了（iii），所以知道该条件是知道的。再者，因为（iii）从必然真理（i）和（ii）得出，所以它也是必然的，故而（iv）是必然的。因此，似乎该推理将是正确的。这样，就可以得到：

（v）$I(\ulcorner \Lambda \urcorner, \ulcorner \neg \Omega \urcorner)$;

再根据（i）可得：

（vi）Ω。

（iv）与（vi）矛盾。为了反对该推理，安德森建议应该将"$I(x, y)$"也分层。

通过转向认知主体♀，可以加强安德森的这种建议。把满足认知主体♀已经正确地从 φ 推出 ϕ 的所有条件 $\varphi \rightarrow \phi$ 作为定理添加到 Q 上——假设这些条件的集合是递归可数的。能够像以前一样论证，该系统的定理都为真，并且因此，该系统是相容的。由此得，认知主体♀不能已经作出正确的推理"$\neg \bot \therefore \neg Bew \bot$"。否则就会有 $\vdash \neg \bot \rightarrow \neg Bew \bot$。并且因此，$\vdash \neg Bew \bot$。这与哥德尔第二不完全性定理矛盾。

在提出了以上思想之后，安德森将它们具体化到了一个形式系统中。在 Q 的语言的基础之上添加谓词 $K_0, K_1, K; I_0, I_1, I$ 和其他非逻辑常项，经过这样扩充之后就得到了一种新的语言 L_ω。语言 L_i 则是通过去掉下标大于 i 的所有 K 和 I 而从 L_ω 获得的。现在假设存在 L_0 的一个部分解释，称为 V_p，它给出了 Q 的常项的标准解释，以及除 K_0 与 I_0 外的其他非逻辑常项的某种解释。假设预先为 L_ω 固定一个哥德尔数。V_0 是一个赋值，它将 V_p 扩充到所有 L_0。依此类推，V_{i+1} 将 V_i 扩充到所有 L_{i+1}。如果赋值序列 V_p, V_0, V_1, K 满足以下条件，那么就称这样一个赋值序列为"连续的"：

（F_1）$V_i(K_i) \subseteq V_{i+1}(K_{i+1})$：它们将是 L_ω 的语句的哥德尔数的集合；

（F_2）$V_i(I_i) \subseteq V_{i+1}(I_{i+1})$：它们将是 L_ω 的语句的哥德尔数的有序对的集合；

（F_3）如果 g 是一个语句 φ 的哥德尔数，并且 $g \in V_i(K_i)$，则对某个 $j \geqslant i$，有 $V_j(\varphi)=T$；

（F_4）如果 g_1 与 g_2 分别是语句 φ 和 ϕ 的哥德尔数，并且 $(g_1, g_2) \in V_i(I_i)$，则对某个 $j \geqslant i$，有 $V_i(\varphi \rightarrow \phi)=T$；

（F_5）如果 $(g_1, g_2) \in V_i(I_i)$，并且 $g_1 \in V_i(K_i)$，则 $g_2 \in V_i(K_i)$；

这些赋值将遵守对逻辑常项和量项的通常的赋值方式。

然后设 $V=U_{i\in\omega}V_i$ 是对 L_ω 的赋值函数，则存在赋值函数的紧致序列。因为在这里只关心谓词 K 和 I，所以假设 L_ω 只包含 Q 的常项以及谓词 K 和 I。可以把 $V_0(K_0)$ 作为由 L_ω 的可以从 Q 的公理证明出来的语句的哥德尔数组成。并且把 $V_0(I_0)$ 作为由所有 L_ω 的满足如下条件的语句的哥德尔数对 (g_1, g_2) 组成：对应语句 $\varphi\rightarrow\phi$ 可以从 Q 的公理证明出来。并且设 $V_{i+1}=V_i$。这表示某人在更高的层次上没有学到任何东西。在这个时候，$K_0[\ulcorner(\forall x)(K_0(x)\vee\neg K_0(x))\urcorner]$ 和 $K_0[\ulcorner(\forall x)(K_1(x)\vee\neg K_1(x))\urcorner]$ 都为真。这显然是直觉上可以令人接受的。为了"知道$_0$"这些事情，只需要普通的逻辑和相关的概念。为了表示擅长逻辑而不擅长算术的人，则可以假设 $V_0(K_0)=V_i(K_i)=L_\omega$ 的那些在通常的一阶逻辑意义（关于对 I_i 的重言式的东西）上有效的语句。

还有一些更加令人感兴趣的赋值。可以从公理系统 Q 开始，并且设 $V_0(K_0)$ 为在其中可证的语句集。现在添加对所有 L_ω 的语句 φ 的所有语句 $K_0(\ulcorner\varphi\urcorner)\rightarrow\varphi$ 作为公理。对每个 i，设 Q_{i+1} 是通过把公理 $K_{i+1}(\ulcorner\varphi\urcorner)\rightarrow\varphi$（对所有 L_ω 的语句 φ）添加到 Q_i 而得到的公理系统。则能够设 $V_{i+1}(K_{i+1})$ 是在 Q_i 中可证的语句的哥德尔数——对 I_i 有一个类似的赋值。每一件事最终都得到一个真值，并且这是连续的。这就是一个人知道所有鲁滨逊算术或者皮亚诺算术，在每一阶段都认识到他在较低的阶段所知道的东西为真，并且提取出所有这些结论。请注意，$K_i(\ulcorner N\leftrightarrow K_i(\ulcorner\neg N\urcorner)\urcorner)$ 成为事实（由知道者悖论得，N 是明显的事情），但 $K_i(\ulcorner K_i(\ulcorner\neg N\urcorner)\rightarrow\neg N\urcorner)$ 为假，并且 $K_{i+1}(\ulcorner K_i(\ulcorner\neg N\urcorner)\rightarrow\neg N\urcorner)$ 为真。一些令人感兴趣的有效公式（也就是在从一个连续序列建立的每一个赋值中都为真的公式）如下：

$$K_i(\ulcorner\varphi\urcorner)\rightarrow\varphi;$$
$$I(\ulcorner\varphi\urcorner,\ulcorner\phi\urcorner)\rightarrow(\varphi\rightarrow\phi);$$
$$I_i(x,y)\rightarrow(K_i(x)\rightarrow K_i(y));$$
$$K_i(x)\rightarrow K_j(x),\quad i<j;$$
$$I_i(x,y)\rightarrow I_j(x,y),\quad i<j。$$

安德森通过"κ-有效性"这一概念给出的元定理和相关结论更加清晰地显示出了上述语义学是如何处理知道者悖论的。L_ω 的一个语句 ϕ 是 κ-有效的，如果它在从一个连续序列 V_p, V_0, V_1, K 建立的每个解释 V 中都为真。实际上，在用谓词 K 和 I 扩充了的 Q 中可证的公式自动是 κ-有效的。

如果对所有 κ- 有效语句 ϕ 都有 $V(K_i(\ulcorner\phi\urcorner))=T$，则说该解释刻画了一个 i- 完全认知主体。

元定理：对任意 i，没有解释能够刻画一个 i- 完全认知主体。

证明：对一个特定的语句 N_i，$N_i \leftrightarrow K_i(\ulcorner\neg N_i\urcorner)$ 是 κ- 有效的。正如以上所注意到的，$K_i(\ulcorner\neg N_i\urcorner) \rightarrow \neg N_i$ 是 κ- 有效的。因为 $\neg N_i$ 是它们的逻辑后承，并且 κ- 有效性在逻辑后承下可以保持，所以 $\neg N_i$ 是 κ- 有效的。因此，表达一个 i- 完全认知主体的一个解释将有 $V(K_i(\ulcorner\neg N_i\urcorner))=T$。但由 $\neg N_i$ 得 $\neg K_i(\ulcorner\neg N_i\urcorner)$，并且有 $N_i \leftrightarrow K_i(\ulcorner\neg N_i\urcorner)$，并且由此得它是 κ- 有效的。

在这里需要注意的是，$\neg K_{i+1}(\ulcorner\neg N_i\urcorner)$ 不是 κ- 有效的。因此，能够有一个解释来刻画在第 $i+1$ 层上知道 $\neg N_i$ 的人。如果 $\neg K_i(\ulcorner\phi\urcorner)$ 是 κ- 有效的，则说语句 ϕ 是 i- 超验的，但 $K_{i+1}(\ulcorner\phi\urcorner)$ 却不是 κ- 有效的。因而有如下推论：

推论：对每一个 i，存在一个 i- 超验语句 N_i。

在某个知识层次上知道每个真语句的人（即上帝），关于这个概念是没有困难的——尽管他不能在任意一个层次上都知道它们。

命题：存在一个这样的解释 V，即如果 $V(\phi)=T$，则存在一个 i 使得 $V(K_i(\ulcorner\phi\urcorner))=T$。设 V_p 以标准的方式解释算术，并且设 $V_0(K_0)=\{x|V_p(x)=T\}$。设 $V_1(K_1)=\{x|V_0(x)=T\}$，并且一般地，$V_{i+1}(K_{i+1})=\{x|V_i(x)=T\}$。又设 V 是它们的 "联合"（union）。如果对 I- 谓词做明显的规定，那么这件事情将是连续的。

显然，在这种处理方案之下，认知主体知道在某个知识层面上的每一真语句（尽管不能在任何一个层面上全部知道它们）是没有困难的。安德森认为应该沿着伯奇的思路，将上述认知谓词的下标认为是表达了"知道"和"推导"的外延是由语境所决定的。如果离开语境，则谓词"知道"就没有一个固定的外延（但不必说它们没有一个固定的意义——这种意义也许可以被看作从语境到外延的一个函数）。必须假设语境决定的外延在不同的出现中是不同的。加在谓词之上的下标反映了这种不同的决定性。并且在这里，层次是如何被分配的，至少在直观上是清楚的。当然，上述系统包含了形式算术，所以根据哥德尔第一不完全性定理，该系统肯定是不完全的。

尽管安德森的方案也遭到了质疑①，但却有着重要贡献，即通过"索引性"第一次明确引入了语境因素，使知识谓词的外延合理地"流动"起来。这样做的意义远远超过了伯奇将语境因素引入说谎者悖论研究的意义。这是因为语境要素充分体现了逻辑悖论的语用学特性，但说谎者悖论的所指层面只是本质地涉及语形概念和"真理"这样的语义概念，并不涉及语用概念；而知道者悖论的所指层面除了涉及语形概念和语义概念之外，还本质地涉及了语用要素。也就是说，知道者悖论除了因为自身属于严格意义的逻辑悖论而具有语用学特性之外，其本身的所指层面也具有语用特性，因此知道者悖论与说谎者悖论之间的一个重要区别在于前者具有两个层面上的语用特性而后者只在一个层面上具有。这样，语境要素在知道者悖论那里就显得比在说谎者悖论那里更为重要。这就是上述安德森的方案重要价值之所在。

第四节 "异化知识"方案

克洛斯（C. B. Cross）于 2001 年提出的异化知识方案开启了狭义知道者悖论新一轮研究高潮，一直持续至今。

一、异化知识知道者悖论

克洛斯通过引入另外一个知识谓词（称之为"异化知识"）所建立的狭义知道者悖论的一个新变体——"异化知识知道者悖论"表明，即使没有认知封闭原则，狭义知道者悖论仍然存在，从而从形式技术的层面为认知封闭原则进行了辩护。②

克洛斯认为，无论认知主体所知道的语句的集合是否在前述原则（A_3）所要求的方式下封闭，都存在这样一个语句的集合，其元素是由该认知主体所知道的语句推导出来的语句，该语句集在原则（A_3）所要求的方式下封闭。这样一个语句集合可以通过"异化知识"谓词（用 $\hat{K}$ 表示，以区别传统知识谓词 K）标示出来，其定义为：

---

① Cf. Poggiolesi F., "Three Solutions to the Knower Paradox", *Annali del Dipartimento di Filosofia (Nuova Serie)* XIII, 2007: 147–163.

② Cross C. B., "The Paradox of the Knower without Epistemic Closure", *Mind*, No.110, 2001: 319–333.

$$K(x) =_{df} \exists y(K(y) \wedge I(y, x))。$$

其中 $K(y)$ 是传统的知识谓词，$I(y, x)$ 是前面提到的推导关系的缩写。实际上，$K(x)$ 表示 x 可以从某些已知的东西推导出来。

在形式算术当中，可推导关系满足传递性，也就是 $\forall x \forall y \forall z (I(x, y) \wedge I(y, z) \rightarrow I(x, z))$。根据 $K(x)$ 的定义和 I 的这种传递性，再加上谓词逻辑，可以推导出对 $K(x)$ 成立的认知封闭原则：

$$(A_3^+) \quad I(\ulcorner \varphi \urcorner, \ulcorner \phi \urcorner) \wedge K_i(\ulcorner \varphi \urcorner) \rightarrow K_i(\ulcorner \phi \urcorner)。$$

具体推导过程如下[①]：

（1）$\exists z(K(z) \wedge I(z, x))$ 前提

（2）$I(x, y)$ 前提

（3）$K(a) \wedge I(a, x)$ （1）$\exists$ 消去

（4）$I(x, y) \wedge K(a) \wedge I(a, x)$ （2）（3）$\wedge$ 引入

（5）$I(x, y) \wedge I(a, x)$ $\wedge$ 消去

（6）$K(a)$ $\wedge$ 消去

（7）$\forall z \forall x \forall y(I(z, x) \wedge I(x, y) \rightarrow I(z, y))$ 形式算术定理

（8）$I(a, x) \wedge I(x, y) \rightarrow I(a, y)$ （7）$\forall$ 消去

（9）$I(a, y)$ （5）（8）$\rightarrow$ 消去

（10）$K(a) \wedge I(a, x)$ （6）（9）$\wedge$ 引入

（11）$\exists u(K(u) \wedge I(u, y))$ （10）$\exists$ 引入

（12）$I(x, y) \wedge \exists z(K(z) \wedge I(z, x)) \rightarrow \exists u(K(u) \wedge I(u, y))$

                                               （1）（2）（11）$\rightarrow$ 引入

由 $K(x)$ 的定义，知（12）便是（A_3^+）。

也就是说，存在认识论原则（A_3）的异化知识对应者（A_3^+）。更为重要的是，（A_3^+）已经是形式算术中的一条定理模式了，因此不必再将它作为一条公理模式。这一点是克洛斯的异化知识知道者悖论的关键所在。

与认识论原则（A_1）和（A_2）成立相仿，同样存在它们的异化知识对应者，即：

---

① 该推导过程系本书作者给出。

（A_1^+）$K_i(\ulcorner\varphi\urcorner) \to \varphi$；

（A_2^+）$K_i(\ulcorner K_i(\ulcorner\varphi\urcorner) \to \varphi\urcorner)$。

原则（A_1^+）表达了"在形式算术的扩充系统 T 中，如果 φ 可以从某些已知的东西中推导出来，那么 φ 就是真的"。在克洛斯看来，（A_1^+）与（A_1）是同样合理的，（A_2^+）也是如此。由哥德尔自指定理得，存在语句 N^+，$N^+ \leftrightarrow K_i(\ulcorner\neg N^+\urcorner)$ 是系统 T 的定理。原则（A_1^+）、（A_2^+）和（A_3^+）可以作如下代入：

（E_1^+）$K_i(\ulcorner\neg N^+\urcorner) \to \neg N^+$；

（E_2^+）$K_i(\ulcorner K_i(\ulcorner\neg N^+\urcorner) \to \neg N^+\urcorner)$；

（E_3^+）$I(\ulcorner E_1^+\urcorner, \ulcorner\neg N^+\urcorner) \wedge K_i(\ulcorner E_1^+\urcorner) \to K_i(\ulcorner\neg N^+\urcorner)$。

仿照前面知道者悖论的推导，可以在 T 中从以上三条公理出发推导出"矛盾"（用 $\bot$ 表示），这一结论可称之为"对 K 的知道者悖论"。所不同的是，由于（E_3^+）是形式算术的一条定理，所以在这里，"矛盾"的得出所依据的只有形式算术和原则（A_1^+）与（A_2^+）的代入特例（E_1^+）与（E_2^+），并没有所谓的封闭成分。

克洛斯进一步指出，以下（A_2^+）和（E_2^+）的变体成立：

（$A_2^{+\prime}$）$K_i(\ulcorner K_i(\ulcorner\varphi\urcorner) \to \varphi\urcorner)$；

（$E_2^{+\prime}$）$K_i(\ulcorner K_i(\ulcorner\neg N^+\urcorner) \to \neg N^+\urcorner)$。

在这些结论的基础之上，克洛斯就得出了所谓的"异化知识知道者悖论"（即所谓没有认知封闭的知道者悖论）。推导如下：

（1）$E_1^+, E_2^+ \vdash \bot$ 对 K 的知道者悖论

（2）$E_2^{+\prime}, I(\ulcorner E_1^+\urcorner, \ulcorner E_1^+\urcorner) \vdash E_2^+$ 谓词逻辑

（3）$\vdash I(\ulcorner E_1^+\urcorner, \ulcorner E_1^+\urcorner)$ 形式算术

（4）$E_2^{+\prime} \vdash E_2^+$ （3）（4）

（5）$E_1^+, E_2^{+\prime} \vdash \bot$ （1）（5）

以上（2）式的得出其具体推导过程如下：①

（a）$K(x)$ 前提

（b）$I(x, x)$ 前提

（c）$K(x) \wedge I(x, x)$ （a）（b）$\wedge$ 引入

（d）$\exists y(K(y) \wedge I(y, x))$ （c）$\exists$ 引入

（e）$K(x)$ K 的定义

（f）$K(x), I(x, x) \vdash K(x)$ $\vdash$ 的定义

用（E_1^+）代入以上（f）式即得：$E_2^{+\prime}, I(\ulcorner E_1^{+\urcorner}, \ulcorner E_1^{+\urcorner}) \vdash E_2^+$。

简言之，异化知识知道者悖论所要表明的是，仅仅以形式算术和公理模式（E_1^+）与（$A_2^{+\prime}$）为背景知识就可以建立矛盾等价式，从而得出悖论。这里并没有使用认知封闭规则，因而不能把狭义知道者悖论产生的原因归于认知封闭原则。在此基础之上，克洛斯做了进一步论证。他指出，通过狭义知道者悖论来反对认知封闭原则（A_3）是以承认原则（A_1）和（A_2）为前提的。其中（A_1）表示主体知道的东西为真，具有高度的合理性，并且对应的（A_1^+）也是如此。（A_2）则只是承认（A_1）是知道的。然而异化知识知道者表明，（A_1^+）和（$A_2^{+\prime}$）的确定特例［即（E_1^+）与（$A_2^{+\prime}$）］是不相容的，不能同时为真。这样，理论上就存在如下三种可能的情况：（A_1^+）为假而（$A_2^{+\prime}$）为真；（A_1^+）为真而（$A_2^{+\prime}$）为假；两者都为假。如果（A_1^+）为假而（$A_2^{+\prime}$）为真，则为真的（$A_2^{+\prime}$）说的是认知主体知道一个为假的东西，即（A_1^+），这与经典知识定义相冲突，所以应该排除这种可能性。在剩下的两种可能的情况中，都包含（$A_2^{+\prime}$）为假，因此它为假的可能性最大。也就是说，仅仅认识到（A_1^+）的某个特例为真，并不足以使对应的（$A_2^{+\prime}$）的特例为真。由此推出，只认识到任意（A_1）的已知特例为真，并不足以使（A_2）的特例为真。这样，克洛斯最后把狭义知道者悖论产生的原因归结到了（A_2）上。

二、推广

更为重要的是，这种"异化知识思想"还可以进行推广。在提出异化知识知道者悖论之后不久，克洛斯就以同样的思路为前述托马森的"理想相信者悖论"构造出了一个类似的变体，即"异化信念理想相信者悖论"。

---

① 该推导过程系本书作者给出。

该变体同样没有使用信念封闭规则。①

克洛斯的论证是针对前述托马森的"理想相信者悖论"而进行的，他认为非理想化的信念不必在（Ⅲ'）和（Ⅳ'）的意义下封闭，但每个信念的集合，包括一个非理想相信者的信念，都具有一种（Ⅲ'）和（Ⅳ'）意义上的演绎封闭。因此，不管被公式化为 α 的命题态度是否满足（Ⅲ'）和（Ⅳ'），一个满足（Ⅲ'）和（Ⅳ'）的谓词都能够以 α 或其他谓词的形式而得到定义。

克洛斯引入一系列定义的谓词而将上述定义公式化。这些谓词算术化了在 α' 的定义中将要使用的证明论性质和语形性质。这些谓词的精确定义强烈地依赖于如何选择 T 的非逻辑公理、逻辑公理以及规则。在以下给出的非形式定义中，克洛斯称一个公式是一个公式序列的逻辑后承，而不说是一个公式集的逻辑后承，因为作为语形客体，公式的序列可直接使用哥德尔编码。

定义 1.②

（a）$S(x) =_{df} x$ 是 T 的语言的公式的一个非空序列（的哥德尔数）；

（b）$M(x, y) =_{df} y$ 是包含公式（其哥德尔数为）x 的一个有限公式序列（的哥德尔数）；

（c）$L(x, y) =_{df} y$ 是公式序列（其哥德尔数为）x 的一个一阶逻辑后承（的哥德尔数）；

（d）j 是一个满足如下条件的二元函数：如果 x 和 y 是 T 的语言的公式的有限序列（的哥德尔数），那么 j(x, y) 是从将 y 附加到 x 而得到的序列（的哥德尔数）。

以下定义谓词 α″：

定义 2. $α''(x) =_{df} [S(x) \land (\forall y)(M(y, x) \to α(y))]$，（α 是任意一元谓词）。

注意，α″（x）明确地区别出了其成员在 α 的外延中的公式（的哥德尔数）的那些非空有限序列（的哥德尔数）。现在定义"α 的封闭 α'"

---

① Cross C. B., "A Theorem Concerning Syntactical Treatments of Nonidealized Belief", *Synthese*, No.129, 2001: 335–341.

② 该定义所给出的是关于某种给定的哥德尔配数模式，并且是关于定理 1 中定义的理论 T 的。

如下:

定义 3. $\alpha' =_{df} (\exists z)[\alpha''(z) \wedge L(z, x)]$。

已知 $M(x, y)$、$S(x)$、$M(x, y)$ 和 α'' 的定义如上,则容易证明下述引理 1、2 和 3(在这里,$\vdash_L$ 表示一阶逻辑中的逻辑推导关系):

引理 1. 如果 $\vdash_L \varphi$,那么 $\vdash_T (\forall x)(S(x) \to L(x, \ulcorner \varphi \urcorner))$。

引理 2. 对所有公式 φ 和 ϕ,$\vdash_T (\forall x)(\forall y)[L(x, \ulcorner \varphi \to \phi \urcorner) \wedge L(y, \ulcorner \varphi \urcorner) \to L(j(x, y), \ulcorner \phi \urcorner)]$。

引理 3. $\vdash_T (\forall x)(\forall y)[\alpha''(x) \wedge \alpha''(y) \to \alpha''(j(x, y))]$。

引理 1 是说,如果 φ 是一阶逻辑的一条定理,那么以下这一点在 T 中是可推导的:φ 可以在一阶逻辑中从任意非空公式序列推导出来。引理 2 是说,以下这一点在 T 中是可推导的:如果 $\varphi \to \phi$ 可以在一阶逻辑中从一个序列推导出来,并且 φ 可以从另一个序列推导出来,那么 ϕ 可以从将第二个序列附加到第一个序列上而得到的序列推导出来。引理 3 是说,以下这一点在 T 中是可推导的:如果 x 和 y 是两个由被已知主体相信的公式所构成的公式序列,那么 $j(x, y)$,即将 y 附加到 x 上所得的结果,也是一个由被该已知主体相信的公式所构成的公式序列。已知引理 1、2 和 3,则在一阶逻辑中可以证明下述引理:

引理 4. 设 T 与托马森的结论中的定义相同。则对任意一元谓词 α,
(a)$\vdash_T \alpha'(\ulcorner \phi \urcorner) \to \alpha'(\ulcorner \varphi \urcorner)$,如果 φ 是逻辑公理而 ϕ 是任意公式,并且
(b)$\vdash_T \alpha'(\ulcorner \varphi \to \phi \urcorner) \to [\alpha'(\ulcorner \varphi \urcorner) \to \alpha'(\ulcorner \phi \urcorner)]$,对任意公式 φ 和 ϕ。

最后,由引理 4 和托马森的结论,得到:

定理. 设 T 与托马森的结论中的定义相同,并且设 α 是 T 的语言的一个谓词。再假设以下两个条件对 T 的语言的所有公式 φ 和 ϕ 都成立:
(i')$\vdash_T \alpha'(\ulcorner \varphi \urcorner) \to \alpha'(\ulcorner \alpha'(\ulcorner \varphi \urcorner) \urcorner)$,
(ii')$\vdash_T \alpha'(\ulcorner \alpha'(\ulcorner \varphi \urcorner) \to \varphi \urcorner)$,

则对所有 ϕ，$\vdash_T \alpha'(\ulcorner\chi\urcorner) \rightarrow \alpha'(\ulcorner\phi\urcorner)$，这里的 χ 是 T 的一条单独公理。

上述定理表明，在信念的一种语形处理（被公式化到了形式算术中）之下，条件（i'）和（ii'）蕴涵着，一个具有相容信念的相信者不能够拥有逻辑地推导出鲁滨逊或皮亚诺算术的真理的信念。

现在考虑条件（i'）和（ii'）所表达的意思，谓词 α 和 α' 之间的区别实际上是一个主体的信念（beliefs）与其承诺（commitments）之间的区别的反映。承诺意味着从主体的信念逻辑地推导出的任何东西。因此，任何信念都是一个承诺。否定"信念是演绎封闭的"就是否定"任何承诺都是一个信念"。

条件（i'）对所有 φ 成立：对任意 φ，一个主体是不能够具有一个对 φ 的承诺的，在没有承诺具有那个承诺的情况下。因此，条件（i'）与前述条件（I'）一样，是信念"自明"（self-awareness）的一个限制性要求。但是注意，这种被（i'）所暗示的自明并不是以被（I'）所暗示的自明所是的那种方式理想化的，因为（i'）并不意味着一个至少具有一个信念的主体必须具有无限多个信念。尽管（I'）要求主体在具有一个信念的时候具有一个关于信念的信念，但（i'）并不要求主体去相信他具有他实际上所拥有的信念中任何特殊的一个。实际上，如果主体拥有一个满足如下条件的单独信念，即该信念使该主体对满足 $\alpha'(\ulcorner\varphi\urcorner)$ 为真的任意 φ 承诺 $\alpha'(\ulcorner\varphi\urcorner)$，就足以使（i'）为真。但条件（i'）并不是理想化的，如果具有一些单独信念将足以使它为真。

条件（ii'）成立，如果对所有 φ，主体承诺如下断言：如果他承诺 φ，那么 φ 就为真。因此，条件（ii'）和条件（II'）一样，是信念"自信"（self-confidence）的一个要求。如前所述，使（II'）理想化的唯一东西是下述事实，即断定对任意 φ，要求主体拥有无限多信念自信的信念。条件（ii'）排除了这种程度的理想化：为了对所有 φ 承诺 $\alpha'(\ulcorner\varphi\urcorner)\rightarrow\varphi$，主体不必对所有或者实际上任意 φ，都相信 $\alpha'(\ulcorner\varphi\urcorner)\rightarrow\varphi$。如果主体具有一个逻辑地推导出 $\alpha'(\ulcorner\varphi\urcorner)\rightarrow\varphi$（对所有 φ）的单独信念，那么这就足以使（ii'）为真。但（ii'）不是理想化的，如果具有一些单独信念将足以使它为真。

因此，上述定理表明，在不假设信念封闭的情况下，仍然可以得到一种与托马森的结论相同的结论。这样就消除了托马森的结论中关于信念的最明显的理想化。正如前面的讨论所表明的，上述定理对信念确实做的假设，即（i'）和（ii'），它们自身没有它们在托马森的结论中的对应者所具有的理想化性质。因此，完全可以说，上述定理是一个涉及非理想化信念的语形处理的结论。这就是所谓"异化信念"相信者悖论，通过这一变体，同样可以对信念封闭规则进行辩护。

克洛斯通过构造复杂谓词这一基本思路而得出的上述结论的创新之处在于：其一，它给出了对命题态度的一种新的解释。其二，该结论不包含任何形如（A_3）的"显式"认知封闭原则（以及形式上类似的信念封闭规则）。然而也应该注意到，在定义谓词 Σ 时用到了可推导关系。因此，如果说谓词 K 所表示的传统知识概念是一种"显式"知识的话，那么谓词 K 所表示的异化知识则是一种"隐式"知识。而由（A_3^+）知，这种隐式知识满足"可推导封闭"原则。因而，克洛斯所得到的异化知识知道者悖论实际应该是没有显式认知封闭的知道者悖论，而并非完全没有认知封闭。

针对克洛斯的工作，尤卡农（G. Uzquiano）进一步考察了关于谓词 K 的逻辑，以及该谓词与形式算术中的乐博定理之间的关系。通过论证，他认为："或许异化知识知道者悖论和狭义知道者悖论的实质并不相同。"[1]而克洛斯在回应尤卡农的文章中则通过论证表明，尤卡农的论证"实际上加强了异化知识知道者悖论和狭义知道者悖论之间的相似性"[2]。这些争论充分显示出了异化知识知道者悖论的独特价值。

克洛斯的工作尚需在以下几个方面进一步论证来加以完善：第一，对于谓词 Σ，克洛斯只是给出了语形上的定义，对其进行进一步的哲学说明将是必要的。第二，克洛斯从（A_1）和（A_2）成立直接推出了（A_1^+）与（A_2^+）成立，进而又由（A_2^+）成立直接推出了（$A_2^{+\prime}$）成立，最后反过来由（$A_2^{+\prime}$）不成立推出了（A_2）不成立。这些推论是否有效，需要做进一步论证。第三，异化知识知道者悖论涉及认识论中的"知识"概念和证明论中的"可推导性（或称可证性）"概念之间的联系。对于这两个不同领域的概念之间的关系还需要进一步探讨。

异化信念理想相信者悖论的提出为前述异化知识知道者悖论提供了有力的支持，也就是说，按照克洛斯的想法，该方案不仅可以解决狭义知道者悖论，而且可以解决理想相信者悖论。这体现了克洛斯方案具有一定的"充分宽广性"。总之，克洛斯的工作具有创新性，从形式技术的角度为认知封闭原则做了较为有力的辩护，掀起了 21 世纪知道者悖论研究的新一轮高潮，推动了这一领域研究的发展。

---

① Uzquiano G., "The Paradox of the Knower without Epistemic Closure?", *Mind*, No.113, 2004: 95–107.

② Cross C. B., "More on the Paradox of the Knower without Epistemic Closure", *Mind*, No.113, 2004: 109–114.

第五节 核证逻辑方案

近些年来，随着核证逻辑（Provability Logics）作为一种新型逻辑工具的发展日趋完善，研究者们基于此提出了两种新型解悖方案。本节在较为详尽地考察这两种方案的基础上，评析其成就与不足。

一、基于可证性逻辑的解悖方案

艾格（P. Égré）基于"可证性逻辑"（logic of provability）给出了对知道者悖论的一种解决方案[①]，这是近十多年来所提出的一种全新的解悖方案。所谓可证性逻辑，是指模态逻辑系统 GL，该系统由以下公理模式和推理规则构成：

> AGL1：经典命题逻辑的所有重言式；
> AGL2：$\square\,(\varphi \to \phi) \to (\square\,\varphi \to \square\,\phi)$；
> AGL3：$\square\,\varphi \to \square\square\,\varphi$；
> AGL4：$\square\,(\square\,\varphi \to \varphi) \to \square\,\varphi$；
> RGL1（分离规则）：$\vdash \varphi \to \phi, \vdash \varphi \Rightarrow \vdash \phi$；
> RGL2（哥德尔规则）：$\vdash \varphi \Rightarrow \vdash \square\,\varphi$。

一个关于 GL 的重要的结论是，它具有"自指"（形式算术中的术语叫作"固定点"或"不动点"）性质。德吉（D. de Jongh）和萨姆斌（G. Sambin）分别独立证明了关于 GL 的自指定理："对每个模态化到语句字母 p 中的模态公式 $\mu\,(p)$，存在一个只包含 μ 中的语句字母（p 除外）的模态公式 η，满足 $\eta \# \mu\,(\eta)$。而且，对该关于 μ 的固定点方程的任意两个解在 GL 中都是可证地等值的"[②]。在这里，如果 $\mu\,(p)$ 中的语句字母 p 的每次出现都在 $\square$ 的辖域中，则称一个模态公式 $\mu\,(p)$ 被模态化到了 p 中。这样的一个语句 η 称为 μ 的一个自指语句。该固定点定理是哥德尔自指定理在命题语言中的一个复制品。令人感兴趣的是，这里的自指定理与哥德

① Égré P., "The Knower Paradox in the Light of Provability Interpretations of Modal Logic", *Journal of Logic Language and Information*, No.14, 2005: 13–48.

② 转引自：Artemov S., "Provability Logic", in Blackburn P., van Benthem J. and Wolter F. (eds.), *Handbook of Modal Logic*, Amsterdam: Elsevier Science Publications, 2007: 935. 详细证明参见 Boolos G., *The Logic of Provability*, Cambridge: Cambridge University Press, 1993: 104–123.

尔编码无关，并且与自指替换也无关。

索洛韦（R. Solovay）通过引入"形式算术解释"概念，证明了 GL 系统的可靠性与完全性[①]。一个形式算术解释 $\Re$ 就是从模态语言的公式集到 PA 的语句集的映射，满足如下条件：

（ⅰ）对每个命题变元 p，$\Re(p)$ 是 PA 的一个语句；
（ⅱ）$\Re(\neg\varphi)$ 是 $\neg\Re(\varphi)$，$\Re(\varphi \to \phi)$ 是 $\Re(\varphi)\forall\Re(\phi)$，……；
（ⅲ）$\Re(\Box\varphi)$ 是 $Provable(`\Re(\varphi)`)$，$\Re(\Diamond\varphi)$ 是 ! $Provable(`\neg\Re(\varphi)`)$。

形式算术解释 $\Re$ 使每个模态公式对应于一个形式算术语句，按照 PA 的预定解释，后者可以表达某个元数学命题（因为"可证"是一个元数学概念），如下表所示：

模态公式	形式算术解释	元数学含义
$\Box\varphi$	$Provable(`\Re(\varphi)`)$	$\Re(\varphi)$ 可证
$\Box\neg\varphi$	$Provable(`\neg\Re(\varphi)`)$	$\Re(\varphi)$ 可反驳
$\neg\Box\varphi\wedge\neg\Box\neg\varphi$	$\neg Provable(`\Re(\varphi)`)\wedge\neg Provable(`\neg\Re(\varphi)`)$	$\Re(\varphi)$ 不可判定

逻辑学家所关注的并不是个别形式算术解释，而是在所有形式算术解释下保持不变的语形特征和语义特征，也就是所有解释结果的可证性与真实性。

另外，索洛韦还给出了 GL 的一个可判定扩充系统（用 GLS 表示），该系统可以表达"可证的东西普遍为真"这样的思想（即下述公理 $AGLS_2$）。GLS 系统由以下公理和推理规则构成：

$AGLS_1$：GL 的所有定理；
$AGLS_2$：$\Box\varphi \to \varphi$；
$RGLS_1$（分离规则）：$\vdash\varphi \to \phi, \vdash\varphi \Rightarrow \vdash\phi$。

索洛韦的结论可以通过如下两条定理来表达：

---

① Solovay R., "Provability Interpretations of Modal Logic", *Israel Journal of Mathematics*, No.25, 1976: 287–304.

索洛韦第一定理：GL⊢φ⇔ 对所有形式算术解释 $\Re$，PA⊢$\Re(\varphi)$。

索洛韦第二定理：GLS⊢φ⇔ 对所有形式算术解释 $\Re$，$\Re(\varphi)$ 为真。

艾格将知道者悖论整合到了前述可证性逻辑当中。其具体做法如下：首先，导出知道者悖论所用的认识论规则与经典命题模态逻辑的公理模式相对应。例如，以上规则（R_1）就与 T 公理（即□ϕ→ϕ）相对应。然后，可以将一个已知的经典命题模态逻辑系统作对角化扩充，即对该系统所对应语言的任意公式 ϕ（$p, q_1, \cdots, q_n$）（其中变项 p 的所有出现都在模态算子的辖域内），存在一个 n 元算子 δ_ϕ（$q_1, \cdots, q_n$）满足公理模式：δ_ϕ（$q_1, \cdots, q_n$）↔ϕ（δ_ϕ（$q_1, \cdots, q_n$），$q_1, \cdots, q_n$）。算子 δ_ϕ（$q_1, \cdots, q_n$）称作对模态公式 ϕ（$p, q_1, \cdots, q_n$）的一个固定点算子。这样做的目的是使所得到的语言能够表达自指语句。例如，如果 ϕ 是一个命题模态逻辑中的公式□$\neg p$，则在对角化扩充的系统中存在一个算子 δ_ϕ，使得公式 δ_ϕ↔ϕ□$\neg\delta_\phi$ 成立，此时的 δ_ϕ 就扮演着知道者语句的角色。经过这种对角化扩充就得到了带有固定点算子的模态逻辑，即前述可证性逻辑。最后，在所得逻辑系统中引入一个满足如下规则的二元模态算子 $[I]$：如果⊢φ→ϕ，那么⊢$[I]\varphi\phi$。同时添加相应的公理模式：□φ∧$[I]\varphi\phi$→□ϕ。如此所得到的系统就可以给出知道者悖论及其相关结果的一种统一表达。艾格认为这样做的好处在于，可以抓住问题的本质，使知道者悖论的研究清晰化、条理化，从而为解悖指出明确的方向。具体说来就是，一个带有固定点算子的模态逻辑由三要素组成，即经典命题逻辑、自指以及一定数量的模态装置。因此，解决知道者悖论的可能策略将主要包括以下三个方面：（1）放弃自指；（2）修改模态装置；（3）修改经典逻辑。

在此基础上，艾格依次考察了这三条解悖路线，即知道者悖论的三种具体解决方案：斯克姆（B. Skyrms）的元语言处理[1]、安德森的索引性处理[2] 和索洛韦的方案。斯克姆的处理建构了可证性谓词的一种层级，通过这种层级来阻止自指的出现。安德森的索引性处理同样定义了知识谓词的一种无限序列，但为自指留下了空间。索洛韦证明了，模态逻辑系统 GL 与 GLS 和在模态公式的标准翻译下分别是"可证的"和"为真的"的算术公式集之间是精确对应的，即证明了对模态的一种元语言处理（即把模

---

[1] Skyrms B., "An Immaculate Conception of Modality or how to Confuse Use and Mention", *The Journal of Philosophy*, No.75, 1978: 368–387.

[2] Anderson C. A., "The Paradox of the Knower", *The Journal of Philosophy*, No.80, 1983: 338–355.

态处理为语句谓词，而不是语句形成算子）是相容的。系统 GLS 通过限制自返规则［即前面的规则（R_1）的对应模态形式］被系统地反复使用，从而阻止了矛盾的出现。模态逻辑系统 GL 与 GLS 均可以看作是认知逻辑系统，因而这就隐含地给出了对知道者悖论的一种解决方案。索洛韦的这种方案在保留经典逻辑和自指的基础上通过适当地将包含在知道者悖论中相互冲突的模态相分离，从而达到解悖的目的。艾格把它看作最为合理的解悖方案。

二、基于证明逻辑的解悖方案

在艾格之后，迪恩（W. Dean）和科克瓦（H. Kurokawa）基于"证明逻辑"（logic of proofs）给出了对知道者悖论的另外一种新型解决方案。

阿迪莫夫（S. Artemov）通过被称为"证明多项式"（Proof Polynomials）的证明项，引入了第一个"证明的逻辑"（The Logic of Proofs）的系统（简记作 LP）。LP 的显著特点在于其中引入了一簇有限多的模态算子，用符号"："表示，称为"显在模态"。如果 F 是一个公式而 ρ 是一个证明多项式，则"$\rho: F$"是一个公式，表示"ρ 是 F 的一个证明"（或者"ρ 证明 F"）。也就是说，在系统 LP 中，"证明"作为一个客体，是研究对象。

证明多项式是由证明变项 $x_0, \cdots, x_n, \cdots$ 和证明常项 $a_0, \cdots, a_n, \cdots$ 通过如下三种运算而构成的项：应用"·"（二元）、结合"+"（二元）和证明检测者"!"（一元）。也就是说如果 ρ 和 ε 都是证明多项式，那么 $\rho \cdot \varepsilon$、$\rho + \varepsilon$ 和 !ρ 也都是证明多项式。因此，LP 的语言经由经典命题逻辑的语言扩充而来，还包括证明变项（$x_0, \cdots, x_n, \cdots$）、证明常项（$a_0, \cdots, a_n, \cdots$）、函数符号（"!"、"·"和"+"）以及形如"项：公式"的算子符号，其项与合式公式如下：

$$\rho ::= x|a|!\rho|\rho_1 \cdot \rho_2|\rho_1 + \rho_2;$$
$$\varphi ::= P_i|\varphi_1 \wedge \varphi_2|\varphi_1 \vee \varphi_2|\varphi_1 \rightarrow \varphi_2|\neg\varphi|\rho:\varphi。$$

系统 LP 的构成如下[①]：

ALP0：经典命题逻辑的所有重言式；

ALP1：$\rho:(\varphi \rightarrow \phi) \rightarrow (\varepsilon:\varphi \rightarrow (\rho \cdot \varepsilon):\phi)$（应用）；

---

① 在"结合力"方面，"$p:$"和"$\neg$"最强，"$\wedge$"与"$\vee$"次之，"$\rightarrow$"最弱。

　　ALP2：$\rho: \varphi \rightarrow \varphi$（自返）；

　　ALP3：$\rho: \varphi \rightarrow !\rho: (\rho: \varphi)$（证明检测者）；

　　ALP4：$\rho: \varphi \rightarrow (\rho + \varepsilon): \varphi$，$\varepsilon: \varphi \rightarrow (\rho + \varepsilon): \varphi$（结合）；

　　RLP1（分离规则）：$\vdash \varphi \rightarrow \phi, \vdash \varphi \Rightarrow \vdash \phi$；

　　RLP2：如果 A 是公理 ALP0 — ALP4 中的一个并且 c 是一个证明常项，那么 $A \vdash c: A$。

由前述 LP 的规则可以看出，证明常项是对显在事实（如逻辑公理）的辩护。证明变项也是变项。"应用"运算对应内在化的分离规则：对每个 ε 和 ρ，一个证明 $\varepsilon \cdot \rho$ 是所有满足如下条件的公式 ϕ — ε 是 $\varphi \rightarrow \phi$ 的一个证明，并且 ρ 是 φ 的一个证明（对某个 φ）。证明 ε 和 ρ 的"加" $\varepsilon + \rho$ 是这样一个证明，它或者证明 ε 所证明的所有东西，或者证明 ρ 所证明的所有东西。"！"是检测证明的正确性的一个一般程序：在已知一个证明 ρ 的前提下，"！"产生 ρ 证明 φ 的一个证明。

　　阿迪莫夫表明[①]，证明多项式表达了对一个命题语言的证明的全部可能运算。任意关于证明的运算，无论是随正规证明系统的选择而不同，还是能被具体化到一个命题语言中，都能够被一个证明多项式实现。系统 LP 是可靠的，并且关于算术是完全的。阿迪莫夫通过所谓"实现化定理"（realization theorem）将 LP 与 S4 自然地联系在了一起。实现化定理的大致意思是，对于任意一条 S4 定理，都存在某种方式，用证明多项式替换其中□的全部出现，就得到 LP 的一条定理。这样，就能够认为 LP 给出了对 S4 有效性的一种精致的分析。

　　在上述实现化定理中实际上包含一种来自外部的量化，可以认为□算子是一种量词"存在……的一个证明"。一种合理的想法是将这种量化内在化。费汀（M. Fitting）在这种想法的指导下建构了一个逻辑系统 QLP，并给出了一种克里普克语义学，进而证明了其可靠性与完全性[②]。

　　系统 QLP 是 LP 系统的一个扩充，它允许量词加在证明算子上。QLP 在公式形成规则上对 LP 进行了两点扩充：其一，如果 $\varphi(x)$ 是一个公式，

---

①　Artemov S., "Operations on Proofs that can be Specified by Means of Modal Logic", in Zakharyaschev M., Segerberg K., de Rijke M. and Wansing H. (eds.), *Advances in Modal Logic(Volume 2)*, CSLI Lecture Notes 119, CSLI Publications, Stanford University, 2001: 59–72.

②　Fitting M., "Quantified LP", Technical Report, CUNY Ph.D. Program in Computer Science Technical Report TR–2004019, 2004.

并且 x 是一个证明变项，则 $(\forall x)\varphi(x)$ 也是一个公式；其二，允许证明多项式上的一个附加运算，即如果 ρ 是一个证明多项式，并且 x 是一个证明变项，则 $(\rho\forall x)$ 也是一个证明变项 [x 在 $(\rho\forall x)$ 中的出现是约束的]。引入 $(\rho\forall x)$ 的目的在于，如果 ρ 是对 $\varphi(x)$ 的每个特例的一个（统一）证明，那么 $(\rho\forall x)$ 就是对 $(\forall x)\varphi(x)$ 的一个证明。因此，QLP 的公理和推理规则如下：

    LP1：经典命题逻辑的所有重言式；

    LP2：$\rho:(\varphi\rightarrow\phi)\rightarrow(\varepsilon:\varphi\rightarrow\rho\cdot\varepsilon:\phi)$；

    LP3：$\rho:\varphi\rightarrow\varphi$；

    LP4：$\rho:\varphi\rightarrow\ !\rho:(\rho:\varphi)$；

    LP5：$\rho:\varphi\rightarrow(\rho+\varepsilon):\varphi$，$\varepsilon:\varphi\rightarrow(\rho+\varepsilon):\varphi$；

    QLP1：$(\forall x)\varphi(x)\rightarrow\varphi(\rho)$，对任意证明项 ρ，ρ 对 $\varphi(x)$ 中的 x 是自由的；

    QLP2：$\varphi(\rho)\rightarrow(\exists x)\varphi(x)$，对任意证明项 ρ，ρ 对 $\varphi(x)$ 中的 x 是自由的；

    QLP3：$(\forall x)(\phi\rightarrow\varphi(x))\rightarrow(\phi\rightarrow(\forall x)\varphi(x))$；

    QLP4：$(\forall x)(\varphi(x)\rightarrow\phi)\rightarrow((\exists x)\varphi(x)\rightarrow\phi)$；

    UBF：$(\forall x)\rho(x):\varphi(x)\rightarrow(\rho\forall x):(\forall x)\varphi(x)$。

公理 LP2、LP3 和 LP4 将分别被认为是模态逻辑系统 S4 的公理 K、T 和 4 的显式版本，其中的 □ 已经被显式模态所替换。UBF 被称为"统一芭坎公式"。它表达了这样的意思：如果对所有 x，证明项 $\rho(x)$ 用作 $\varphi(x)$ 的一个证明，则统一证明者项 $(\rho\forall x)$ 用作 $(\forall x)\varphi(x)$ 的一个证明。需要指出的是，UBF 的来源到目前为止尚不清楚。另外，如果 Γ 是一个公理的有限集合，则如下规则给出了对 QLP 的可推导性关系 $\Gamma\vdash\varphi$ 的规定：

    RQLP1：如果 $\varphi\in\Gamma$，那么 $\Gamma\vdash\varphi$；

    RQLP2：如果 $\Gamma\vdash\varphi\rightarrow\phi$ 并且 $\Gamma\vdash\varphi$，那么 $\Gamma\vdash\phi$；

    RQLP3：如果 $\vdash\varphi(x)$，那么 $\vdash(\forall x)\varphi(x)$；

    RQLP4：如果 φ 是 QLP 公理的一个特例，那么 $\Gamma\vdash\varphi$。

下面是两条关于 QLP 的重要定理（其中，嵌入定理建立起了系统 QLP 与 S4 之间的一种联系）：

建构性内在化定理：假设 $x_1{:}\varphi_1, \cdots, x_n{:}\varphi_n \vdash \phi$，则存在一个证明项 $\rho(x_1, \cdots, x_n)$ 满足 $x_1{:}\varphi_1, \cdots, x_n{:}\varphi_n \vdash \rho(x_1, \cdots, x_n){:}\phi$。

嵌入定理：定义 S4 的语言与 QLP 的语言之间的映射 $(\cdot)^\exists$ 如下：$(P_i)^\exists = P_i$，如果 P_i 是一个命题字母；$(\cdot)^\exists$ 与命题连接词可以互相交换位置；$(\Box A)^\exists = (\exists x) x{:} A^\exists$。则 S4 $\vdash A$ 当且仅当 QLP $\vdash A^\exists$。

系统 LP 与 QLP 的一个重要的应用领域是知识表示。这是因为，根据经典定义，知识是证成了的真信念，而这里的显式模态 "$\rho{:} F$" 可以较为恰当地表达 "证成"（justification）。因此，运用证明逻辑，可以给出对知识概念的更加精确的形式化表达。

迪恩和科克瓦认为在知道者悖论中所涉及的 "知识" 是一种依赖 "证明" 的知识，这是因为该悖论所涉及的认知主体是一个具有理想化演绎能力的充分理性主体。所以这里的知识应该定义如下：

$$K(\ulcorner \varphi \urcorner) =_{df}（在相关的系统中）存在 \varphi 的一个证明。$$

而系统 QLP 恰好可以形式化上述思想，即：$K(\ulcorner \varphi \urcorner) =_{df} (\exists x) x{:} \varphi$。因此，这样表达的知识概念更加准确。在此基础之上，迪恩和科克瓦提出了一套解决知道者悖论的方案。[①]

迪恩和科克瓦首先证明了下述结论：

在 S4 中，对所有的 φ，$\neg \Box (\varphi \leftrightarrow \neg \Box \varphi)$ 成立。其推导如下（在 S4 中进行推理）：

$$
\begin{aligned}
&(0)\ \Box(\varphi \leftrightarrow \neg \Box \varphi) \vdash \varphi \leftrightarrow \neg \Box \varphi & \text{T}\\
&(1)\ \Box(\varphi \leftrightarrow \neg \Box \varphi) \vdash \neg \Box \varphi \to \varphi\\
&(2)\ \Box(\varphi \leftrightarrow \neg \Box \varphi) \vdash \Box \varphi \to \neg \varphi\\
&(3)\ \Box(\varphi \leftrightarrow \neg \Box \varphi) \vdash \Box \varphi \to \varphi & \text{T}\\
&(4)\ \Box(\varphi \leftrightarrow \neg \Box \varphi) \vdash \neg \Box \varphi & (2)、(3)\\
&(5)\ \Box(\varphi \leftrightarrow \neg \Box \varphi) \vdash \varphi & (1)、(4)\\
&(6)\ \Box(\varphi \leftrightarrow \neg \Box \varphi) \vdash \Box \varphi & \text{Nec}、(5)\\
&(7)\ \Box(\varphi \leftrightarrow \neg \Box \varphi) \vdash \bot & (4)、(6)
\end{aligned}
$$

① Dean W. and Kurokawa H., "Knowledge, Proof and the Knower", *Theoretical Aspects of Rationality and Knowledge, Proceedings of the Twelfth Conference* (TARK), 2009: 81–90.

$$（8）\vdash\neg\,\square\,(\varphi\leftrightarrow\neg\,\square\,\varphi) \qquad\qquad （0）-（7）$$

上述推导的右端与知道者悖论的推导具有完全相同的形式。因此，可以把该推导看作是在一种纯的模态环境中重构了知道者悖论的推理。下面可以根据前述嵌入定理所提出的方式，将这里 S4 中的推导转换为一个 QLP 中的推导：

$$（0）\ y\colon(\varphi\leftrightarrow\neg(\exists x)x\colon\varphi)\vdash\varphi\leftrightarrow\neg(\exists x)x\colon\varphi \qquad\qquad \text{LP3}$$
$$（1）\ y\colon(\varphi\leftrightarrow\neg(\exists x)x\colon\varphi)\vdash\neg(\exists x)x\colon\varphi\to\varphi$$
$$（2）\ y\colon(\varphi\leftrightarrow\neg(\exists x)x\colon\varphi)\vdash(\exists x)x\colon\varphi\to\neg\varphi$$
$$（3）\ y\colon(\varphi\leftrightarrow\neg(\exists x)x\colon\varphi)\vdash(\exists x)x\colon\varphi\to\varphi \qquad\qquad \text{QLP 中的推导}$$
$$（4）\ y\colon(\varphi\leftrightarrow\neg(\exists x)x\colon\varphi)\vdash\neg(\exists x)x\colon\varphi \qquad\qquad （2）、（3）$$
$$（5）\ y\colon(\varphi\leftrightarrow\neg(\exists x)x\colon\varphi)\vdash\varphi \qquad\qquad （1）、（4）$$
$$（6）\ y\colon(\varphi\leftrightarrow\neg(\exists x)x\colon\varphi)\vdash t(y)\colon\varphi \qquad\qquad \text{建构性内在化定理}$$
$$（6'）\ y\colon(\varphi\leftrightarrow\neg(\exists x)x\colon\varphi)\vdash(\exists x)x\colon\varphi \qquad\qquad \text{QLP3}$$
$$（7）\ y\colon(\varphi\leftrightarrow\neg(\exists x)x\colon\varphi)\vdash\bot \qquad\qquad （4）、（6'）$$
$$（8）\vdash\neg y\colon(\varphi\leftrightarrow\neg(\exists x)x\colon\varphi) \qquad\qquad （0）-（7）$$
$$（9）\vdash(\forall y)\neg y\colon(\varphi\leftrightarrow\neg(\exists x)x\colon\varphi) \qquad\qquad \text{RQLP4}$$
$$（10）\vdash\neg(\exists y)\neg y\colon(\varphi\leftrightarrow\neg(\exists x)x\colon\varphi)$$

根据上述步骤（3）可以得出：

$$（a）\vdash x\colon\varphi\to\varphi \qquad\qquad \text{LP3}$$
$$（b）\vdash(\forall x)(x\colon\varphi\to\varphi) \qquad\qquad \text{RQLP4}$$
$$（c）\vdash(\forall x)(x\colon\varphi\to\varphi)\to((\exists x)x\colon\varphi\to\varphi) \qquad\qquad \text{QLP4}$$
$$（d）\vdash(\exists x)x\colon\varphi\to\varphi \qquad\qquad （b）、（c）$$

为了建构上述步骤（6）所使用的项 $t(y)$，必须以被建构性内在化定理所给出的方式而将（a）-（d）内在化。这一点可以通过如下步骤而实现：

$$（e）\vdash x\colon\varphi\to\varphi \qquad\qquad \text{LP3}$$
$$（f）\vdash r(x)\colon(x\colon\varphi\to\varphi) \qquad\qquad \text{RQLP3}$$
$$（g）\vdash(\forall x)r(x)\colon(x\colon\varphi\to\varphi) \qquad\qquad \text{RQLP2}$$
$$（h）\vdash(\forall x)r(x)\colon(x\colon\varphi\to\varphi)\to(r(x)\forall x)\colon(\forall x)(x\colon\varphi\to\varphi) \qquad\qquad \text{UBF}$$

$(i) \vdash (r(x)\forall x): (\forall x)(x: \varphi \rightarrow \varphi)$　　　　　　　　（g）、（h）

$(j) \vdash q: (\forall x)(x: \varphi \rightarrow \varphi) \rightarrow ((\exists x)x: \varphi \rightarrow \varphi)$　　　　　RQLP3

$(k) \vdash q \cdot (r(x)\forall x):((\exists x)x: \varphi \rightarrow \varphi)$　　　　　　LP2、（i）、（j）

因为（$\exists x$）$x:\varphi \rightarrow \varphi$［即 K（$\ulcorner\varphi\urcorner$）$\rightarrow \varphi$］出现在了上面推导的行（10）中，所以它的推导必须被内在化，以便在行（6）去建构项 $t(y)$。这导致行（k），而（k）经由存在概括（即 QLP2）马上蕴含着（$\exists y$）$y:((\exists x)x: \varphi \rightarrow \varphi)$［即 K（$\ulcorner K$（$\ulcorner\varphi\urcorner$）$\rightarrow \varphi\urcorner$）］。另外，在推导（e）—（k）中，尽管（$\exists x$）$x: \varphi \rightarrow \varphi$ 经由（a）—（d）而被推导出来，但在没有将（h）中的全称量词通过显式模态互换位置的情况下，似乎没有办法内在化这个证明。所以当在 QLP 系统中重构知道者悖论的时候，必须依赖 UBF。

最后，迪恩和科克瓦给出了 4 方面分别独立的理由（其中既有形式化的，也有非形式化的）去拒斥 UBF，由此去拒斥规则 K（$\ulcorner K$（$\ulcorner\varphi\urcorner$）$\rightarrow \varphi\urcorner$），从而达到解悖的目的。

三、审思

根据 RZH 解悖标准，前述两种新型解悖方案的最显著特征在于其非特设性。对此，可以通过追溯这两种方案的提出所使用的逻辑系统的由来加以阐明。可证性逻辑与证明逻辑是当代核证逻辑研究的两个方向。核证逻辑的思想起源于哥德尔（K. Gödel）试图为直觉主义逻辑寻找恰当的语义学而做的工作。直觉主义逻辑的创始人布劳威尔（L. E. J. Brouwer）认为直觉主义的真就意味着可证："一个陈述为真，如果我们有一个对它的证明；该陈述为假，如果我们能够表明假设存在一个对该陈述的一个证明会导致矛盾。"[①] 海丁（A. Heyting）于 1930 年建构出了直觉主义逻辑的一个公理系统。在 1931 年到 1934 年间，海丁和科摩格夫（A. N. Kolmogorov）给出了一种语义学，将布劳威尔的直觉主义真理概念明确化。可以称这种语义学为"BHK 语义学"。BHK 语义学认为，一个公式为真，如果存在一个对它的证明。一个复合命题的证明可以表示成它的组成部分的证明的形式。

· $\varphi \wedge \phi$ 的一个证明由 φ 的一个证明和 ϕ 的一个证明给出；

① Troelstra A. S. and van Dalen D., *Constructivism in Mathematics: An Introduction (Volume II)*, New York: Elsevier Science Publishers, 1988: 4.

·φ∨ф 的一个证明由表达或者 φ 的一个证明或者 ф 的一个证明给出；

·φ→ф 的一个证明是一个由 φ 的证明到 ф 的证明的转变的建构；

·⊥ 是一个没有证明的命题，¬φ 是对 φ→⊥ 的简化（⊥ 代表矛盾）。

BHK 语义学是人们广泛接受的对直觉主义逻辑的语义学。

哥德尔于 1931 年迈出了为直觉主义发展一种确切的基于经典可证性的语义学的第一步，即形式化上述 BHK 语义学。[①] 他将可证性看作一个逻辑算子，给出了可证性的一种模态演算，这种模态演算类似于经典模态系统 S4，并且将直觉主义命题逻辑（IPC）定义在了这种逻辑中，该演算描述了经典数学中的可证性的性质。哥德尔的可证性演算基于经典命题逻辑，并且加上如下模态公理和规则（□ 在这里代表形式算术中的可证性，因而 □ φ 应该读作 "φ 是可证的"）：

·□ φ→φ，

·□ (φ→ф)→(□ φ→□ ф)，

·□ φ→□□ φ，

·⊢φ⇒⊢ □ φ。

基于布劳威尔将真理解释为可证性的思想，哥德尔定义了一个从直觉主义公式 φ 到经典模态语言的 "翻译"[②] γ (φ)：γ (φ)＝ "给公式 φ 的每个子公式加上前缀□"。非形式地讲，当确定一个公式的经典真值的通常程序被应用于 γ (φ) 的时候，它将检验 φ 的每个子公式是否可证（而非是否为真）。翻译 γ (φ) 提供了一种从直觉主义逻辑 IPC 到 S4 的恰当嵌入。因而这样一种翻译显然是布劳威尔的理论 "直觉主义真理＝可证性" 的一种适当的公式化。在此基础之上哥德尔还证明了下述定理：IPC⊢φ⇒S4⊢γ (φ)。该定理给出了 IPC- 公式作为关于经典可证性陈述的一种解释。哥德尔还预言以上定理的逆定理也是成立的，并得出结论说：直觉主义可以从这里推导出来。后来，麦今西（J. C. C. Mckinsey）和塔尔斯基确实证明了哥德

---

① Gödel K., *Kurt Gödel Colledted Works(Volume. I)* Feferman S. et al. (eds.), Oxford: Oxford University Press, 1986: 301–303.

② Cf. Orlov I. E., "The Calculus of Compatibility of Propositions", *Matematicheskii Sbornik*, No.35, 1928: 263–286.

尔的预言①。

然而到此为止，哥德尔试图通过经典可证性去定义 IPC 的最终目标并没有完成，因为 S4 并没有一种对可证性算子"□"的确切解释，也就是说没有建立起 S4 与通常的数学概念中的可证之间的连接。这里的问题如下所示（"⤳"在这里表示一种恰当的嵌入）：

$$IPC \hookrightarrow S4 \rightsquigarrow \cdots ? \cdots \rightsquigarrow 经典证明。$$

这里的"经典证明"是指基于对一个包含皮亚诺算术（PA）的经典一阶理论的证明谓词 $Proof(x, y)$ 的系统，该谓词表达了"x 是代码为 y 的公式的一个证明的代码"。哥德尔证明了这里存在的一个问题，并且指出将 $\Box\varphi$ 解释为形式可证性谓词 $Provable(\varphi) = \exists xProof(x, \varphi)$ 并不可行，这是因为，设 $\bot$ 是一个布尔常项"假"，并且 $\Box\varphi$ 是 $Provable(\varphi)$。则 $\Box\bot \rightarrow \bot$ 对应着表达 PA 的相容性的陈述 Con（PA）。并且 S4- 定理 $\Box(\Box\bot\rightarrow\bot)$ 表达了这样的陈述，即 Con（PA）在 PA 中是可证的，而这并不与哥德尔第二不完全性定理相对应。也就是说哥德尔注意到将模态项"$\Box\varphi$"解释为"φ 是可证的"这种简单的思想与哥德尔第二不完全性定理相矛盾。因此他认为 S4 是一个没有确切可证性语义学的可证性演算，而 $\Box\varphi = Provable(\varphi)$ 的解释是对没有已知公理系统的模态的一种确切的可证性语义学。这样，哥德尔的研究自然就留下了两个有待进一步解决的问题：

问题一：寻找形式可证性谓词 $Provable(\varphi)$ 的模态逻辑；

问题二：寻找 S4 的、并且因而也是 IPC 的一种精确的可证性语义学。

对以上这两个问题的回答就构成了当代"核证逻辑"（provability logic）的两个方向——"可证性逻辑"（又称"模态逻辑的可证性解释"）和"证明逻辑"。

后来，基于哥德尔和勒伯（M. H. Löb）等人所做的工作②，模态逻辑

---

① McKinsey J. C. C. and Tarski A., "Some Theorem about the Sentential Calculi of Lewis and Heyting", *The Journal of Symbolic Logic*, No.13, 1948: 1–15.

② 需要指出的是，哥德尔和勒伯都没有明确地提出该系统。最早将 GL 当作一个模态逻辑系统考虑的是斯麦莱（T. Smiley），参见 Smiley T., "The Logic Basis of Ethics", *Acta Philosophica Fennica*, No.16, 1963: 237–246.

系统 GL 得以建构，从而较为合理地解决了上述问题一。对于上述问题二（即用命题语言公式化 BHK 语义学），哥德尔于 1938 年在维也纳的一次公开演讲中曾提议使用清楚明了的证明"ρ 是 F 的一个证明"的形式去解释他自己的证明演算 S4，然而他并没有给出结果所得到的证明的逻辑的一个完全的规则集。遗憾的是，哥德尔的上述演讲稿直到 1995 年才被公开发表[①]。但在此之前，阿迪莫夫就已经公理化了哥德尔所提议的证明逻辑（即前述证明多项式的引入与 LP 系统的建构），并且证明了其完全性定理[②]。因为证明多项式具有经典证明中的一种自然的语义学，所以这就给出了哥德尔的可证性演算 S4 的一种所渴望得到的可证性语义学。与哥德尔、麦金西和塔尔斯基所得出的结论合在一起，证明逻辑 LP 能够被看作是对直觉主义逻辑 ICP 的 BHK 语义学的一种公式化，这就完成了科摩格夫和哥德尔提出的计划：

IPC↬ S4 ↬LP↬ 经典证明。

以上对核证逻辑历史的简要梳理，清楚地表明，核证逻辑本身是独立于解悖而产生的。而这两种新型解悖方案最大的特点恰恰在于运用这种新型逻辑系统重构知道者悖论的形式刻画。因此，基于核证逻辑的这两种解悖方案很好地满足了 RZH 标准中的"非特设性"要求，即解悖理由独立于"去悖论"。这是前述两种解悖方案的主要优点。

知道者悖论是关于日常知识概念的一个悖论，因此，按理说对其进行形式刻画应该在认知逻辑系统当中进行。然而，由于仿照模态逻辑建构的当代认知逻辑系统无法表达自指句（即本文第一部分的语句 G），所以，蒙塔古和卡普兰是在形式算术的扩充系统当中刻画知道者悖论的。艾格敏锐地观察到可证性逻辑（即模态逻辑的可证性解释）系统 GL 可以表达自指句，因而，知道者悖论可以在其中得到刻画，这更符合人们对知识概念的直觉理解。相比之下，证明逻辑系统 QLP 不仅可以表达自指句，而且可以将知识概念进一步刻画为：如果存在对某个命题（语句）的一个（非形式）证明，那么它就是知识［即前述 $K(\ulcorner\varphi\urcorner) =_{df} (\exists x) x: \varphi$］。按照柏拉图经典知识定义，知识是证成了的真信念，迪恩和科克瓦认为，这里的

① Gödel K., *Kurt Gödel Collected Works(Volume. III)* Feferman S. et al. (eds.), Oxford: Oxford University Press,1995: 86–113.

② Artemov S., "Operational Modal Logic", Technical Report MSI95–29, Cornell University, 1995.

"证明"是对"证成了"的恰当表达。因此，在 QLP 当中重构知道者悖论，不仅更符合人们对日常知识概念的直觉理解，而且能够进一步较好地体现柏拉图经典知识定义。

对于知道者悖论，最常见的解决方案是拒斥认知规则（c），即认知封闭原则。而艾格的方案最终的落脚点在于拒斥认知规则（a），即所有知识都是真的。而这一点为柏拉图经典知识定义所蕴含。虽然该定义受到了盖提尔（E. L. Gettier）的有力挑战[1]，但这种挑战只是对得到证成了的真信念作为知识之充分条件的挑战，而不是对其作为必要条件的挑战，因而也不构成对（a）的挑战。所以，如果接受艾格的解悖方案，就意味着放弃彻底柏拉图经典知识定义。因此，该方案没有较好地满足 RZH 解悖标准所要求的充分宽广性要求。

抛开复杂而冗长的技术细节，迪恩和科克瓦通过论证知道者悖论在证明逻辑系统 QLP 当中重构时所必须用到的统一芭坎公式（即前述 UBF）不成立，从而达到解悖目的。而该公式对应的是认知规则（b）。由是观之，迪恩和科克瓦的这种解悖方案本质上与安德逊的解悖方案类似，或者说构成了对后者的一种支持。

第六节　解悖方案总结

本章前五节详尽分析了狭义知道者悖论的代表性解悖方案，总结这些方案，可以得到如下两条规律：

一、与说谎者解悖方案相对应

鉴于知道者悖论与说谎者悖论在起源上的相似性以及形式上的同构性（参见第二章第五节内容），哲学家与逻辑学家们常常仿照说谎者悖论解悖方案的思路去构造解决狭义知道者悖论的方案。

在说谎者悖论众多解悖方案中，最具代表性的是塔尔斯基的"层级方案"[2]。考察该悖论所依据的"公认正确的背景知识"，塔尔斯基认为，相较拒斥经典逻辑，放弃语言的语义普遍性是一种更佳的选择，具体而言，对非语义普遍的语言，寻求一种"真理"定义。于是，他提出了"语言层级理论"，即区分"对象语言"（object language）与"后设语言"

---

[1] Gettier E. L., "Is Justified True Belief Knowledge", *Analysis*, No.23, 1963: 121–123.

[2] Tarski A., "The Semantic Concept of Truth", *Philosophy and Phenomenological Research*, No.4, 1944: 341–376.

（metalanguage）。所谓"对象语言"就是被谈论的语言，而"后设语言"则是用来谈论对象语言的语言。当然，这种区分是相对的，也就是说原来的"后设语言"也可以作为对象而被谈论，这时就需要一种新的更高层级的后设语言，不妨称之为"后设后设语言"，以此类推可以把语言分为如下形式的层级：

> 对象语言 Ω_0：其中不包含"真""假"等表达语义的词概念。
> 后设语言 Ω_1：其中包含：
> （1）指称 Ω_0 的表达式的手段；
> （2）谓词"在 Ω_0 上为真""在 Ω_0 上为假"等。
> 后设后设语言 Ω_2：其中包含：
> （1）指称 Ω_1 的表达式的手段；
> （2）谓词"在 Ω_1 上为真""在 Ω_1 上为假"等。
> 后设后设后设语言 Ω_3：……
> ……

根据塔尔斯基的这种分层所得到的每个语言 Ω_i（$i = 0, 1, 2, 3, \cdots$）都不是语义普遍的，即都不包含其自身的"真理"谓词。也就是说，对于在该层级的某个层面上的语言 Ω_i，其中都不包含精确地指称 Ω_i 的真语句的谓词"在 Ω_i 中为真"。该谓词包含在下一个更高层级的后设语言 Ω_{i+1} 中。这意味着在整个语言中没有绝对的"真理"谓词："为真"总是被理解为"在层级的某个语言上为真"，而且从来不是绝对地"为真"。因此，T 型等值式总是被相对化到层级的某个具体的语言上：

> X 在 Ω_i 中为真，当且仅当 p。

与 T 型等值式不同的是，在这个模式中可以替换"X"与"p"的东西是有限制的，因为"在 Ω_i 中为真"只适用于 Ω_i 的语句。

在经过这种层级改造之后的语言中，说谎者语句应该表达为 L：L 不是 Ω_i 中为真的。而"L 不是 Ω_i 中为真的"这句本身已经不是 Ω_i 的语句了，因为该语句中包含"在 Ω_i 中为真"。因此，"L 不是 Ω_i 中为真的"在 T 型等值式"X 在 Ω_i 中为真，当且仅当 p"中就不能被用来替换"X"，从而就阻止了说谎者悖论的推导。

尽管塔尔斯基的这种解悖方案因诉诸自然语言中并不存在的层级而饱

受争议，但该方案已经成为解决说谎者悖论的"经典方案"，以至于其后的许多解悖方案会或多或少受到该方案的影响，克里普克将这种现象称为"塔尔斯基幽灵"[①]。

"塔尔斯基幽灵"不仅影响着说谎者悖论的解决方案，同样也影响着狭义知道者悖论的解决方案。实际上，本章第三节安德森的方案与塔尔斯基对"真理"概念的分析类似，对于"知识"概念，也应该区分层级。具体而言，前述认识论原则（E_2）的正确形式应该是 $K^{n+1}(\ulcorner K^n(\ulcorner r \urcorner) \to r \urcorner)$，即每个知识谓词"$K^j$"都是一个定义在不同阶段 j 上的不同谓词。只不过安德森将这种层级处理成了索引性。该方案在形式技术的层面上提供了对狭义知道者悖论的一种解决思路，其价值在于将知识谓词改造成语境敏感谓词。但正如安德森自己所承认的，这种方案诉诸于自然语言当中并不出现的"层级"，因而同样会遭受层级方案所要遭受的普遍责难。

说谎者悖论的另一典型的解决方案是古普塔和贝尔纳普提出的"真理"的修正程序方案。[②] 该方案的理论基础在于，古普塔认为"真理"是一个循环概念，并且他们论证了循环概念的合理性。根据该方案，塔尔斯基 T 型等值式中的"当且仅当"有如下两种理解：

（T_1）X 是真的 $\leftrightarrow p$；

（T_2）X 是真的 $=_{df} p$。

即在（T_1）中，"当且仅当"被理解为"实质等值"（material equivalence）；而在（T_2）中，"当且仅当"则被理解为"定义等值"（definitional equivalence）。古普塔和贝尔纳普认为应该作第二种理解，即他们将 T 型等值式当作为"真理"概念提供了一个描述性的部分定义。其中，"X 是真的"是被定义项，而"p"则是定义项。该定义并不"确定"（determine）谓词"……是真的"的意义，而只是"固定"（fix）它的外延。考虑如下两个等值式：

（i）"'雪是白的'是真的"是真的 $=_{df}$ "雪是白的"是真的；

（ii）"张三说的每一句话都是真的"是真的 $=_{df}$ 张三说的每一句话都是真的。

---

① Kripke S. A., "Outline of a Theory of Truth", *The Journal of Philosophy*, No.72, 1975: 690–716.

② Cf. Gupta A., "Truth and Paradox", *Journal of Philosophical Logic*, No.11, 1982: 1–60.

在"真理"的这两个部分定义中都包含"真的"这个词；但在（ii）中"真的"没有被消去。因此，根据古普塔和贝尔纳普，该部分定义是循环的，而且因为 T 型等值式提供了"真理"的循环的部分定义，所以"真理"是一个循环概念，而说谎者悖论正是产生于这一事实。

根据修正程序理论，对于一个循环概念，我们无法通过定义去明确地确定该被定义项的外延。然而，这并不表明循环定义没有用。相反，我们可以通过假设性的评估而确定被定义项的外延应该是什么。具体做法是，首先假设被定义项的一个任意外延，然后运用该假设去确定定义项的外延，而这又提供了被定义项在下一阶段的一个新外延。无限地重复该过程，就产生了一个"修正序列"（revision sequence）。如果在所有可能的假设之下，修正序列都产生一个对该被定义项的稳定解释，它的外延就有一个好的候选者。如果这些修正程序不稳定，那么我们能够通过它的修正序列的类型，恰当地描述该被定义项的病态行为。

古普塔表明，关于说谎者悖论这种病态行为恰恰产生于"真理"概念的这种循环特性。而 T 型等值式就是这样的循环定义。具体到说谎者语句：$L =_{df} L$ 不是真的。为了确定说谎者语句是否是真的，我们需要确定它是否不是真的；而为了确定说谎者语句是否不是真的，我们需要确定是否并非"L 不是真的"，即 L 是否是真的，以此类推，即：

$$L 是真的 \rightarrow L 不是真的 \rightarrow L 是真的 \rightarrow L 不是真的 \cdots\cdots$$

因此，根据修正理论，没有确切的途径去永恒地确定 L 的真假，这就阻止了矛盾的产生。原因在于，将 T 型等值式理解为定义等值，这就允许修正阶段之间的差别，也就是说在上述序列中，在一个修正阶段上"L 是真的"，而在下一个修正阶段上"L 不是真的"。这并不矛盾。需要注意的是，根据修正理论，说谎者语句并非既不为真又不为假，而是在它的语义赋值中系统地不稳定。这就是"真理"修正程序解悖方案。

真理修正程序方案是 20 世纪语义悖论研究沿着克里普克所开创的"回归自然语言的研究路线"所取得的重要成果。本章第二节研究的博迪李所提出的知识修正程序方案则是这种解决说谎者悖论的代表性方案的"认知对应者"。知识的修正理论所揭示出的知道者语句的病态特征使人们进一步加深了对狭义知道者悖论的认识，这显示出了其在哲学说明方面的独特价值。另外，葛瑞木（P. Grim）仿照克里普克针对说谎者悖论所提出的"有根基性方案"①，为狭义知道者悖论构造了对应的解悖方案②，这里不再赘述。

总之，从前面的论证不难得出这样一条大致的规律：说谎者悖论有什么样的解决方案，知道者悖论就有与之相对应的方案。解悖方案上的这种对应性体现了知道者悖论目前研究的局限性，因为解悖方案一出现就天然地带有对应说谎者悖论解决方案的局限性，这也是迄今为止，尚没有一种解决知道者悖论的方案得到广泛认可的原因。笔者认为，出现目前这种状况的深层次原因在于，研究者们往往只注意到知道者悖论与说谎者悖论之间的相似性，而没有认识到两者之间在哲学意涵上的重大区别。

二、从语境迟钝到语境敏感

本章所探讨的是自 1960 年诞生以来，狭义知道者悖论的有代表性的解决方案。一个有趣的现象是，这些解决方案刚刚提出，就立即有人提出反对意见。例如，上述迪恩和科克瓦的方案在第 6 届"形式知识论会议"（FEW）上提出之后，科士达（K. Kishida）和奥考塔（H. Arló-Costa）作为点评人就依相同的方法在没有 UBF 的情况下重构了知道者悖论③，从而对迪恩和科克瓦的方案进行了有力的反驳。前面所研究的方案大多数是不成功的，笔者认为其根本原因在于它们基本上属于语境迟钝方案。顾名思义，所谓语境迟钝方案是指不把语境作为决定性因素来对待的解悖方案。与之相对，语境敏感方案则是指将语境作为决定性因素来对待的解悖方案。

比较前述博迪李的知识修正程序方案与安德森的索引性方案不难看出，后者所代表的语境敏感方案优于前者所代表的语境迟钝方案的特点在知道者悖论这里表现得更加突出，甚至可以说语境迟钝方案根本无法解决知道者悖论。得出这种结论的原因并不难理解：狭义知道者悖论隶属于语用悖论，其由以建构的"公认正确的背景知识"之所指层面不仅含有语义要素，而且本质地含有语用要素。正如伯奇所断言的：语义悖论和以狭义知道者悖论为代表的认知悖论"这两种绳结均可通过把握各种评价概念（语义的或命题态度的）的索引与派生的性质而解开"④。

---

① Cf. Kripke S. A., "Outline of a Theory of Truth", *The Journal of Philosophy*, No.72, 1975: 690–716.

② Cf. Grim P., "Truth, Omniscience, and the Knower", *Philosophical Studies*, No.54, 1988: 9–41.

③ Cf. http://www.fitelson.org/few/few_09/schedule.html.

④ Burge T., "Epistemic Paradox", *The Journal of Philosophy*, No.81, 1984: 5–29.

　　博迪李所提出的知识的修正程序方案是直接仿照古普塔的真理修正程序方案而得到的，所以自然也是一种语境迟钝方案。克洛斯所提出的"异化知识"方案将知识定义为一个复杂谓词，即 $K(x) =_{df} \exists y (K(y) \wedge I(y,x))$；而迪恩和科克瓦则以证明的逻辑为工具将知识定义为 $K(\ulcorner\varphi\urcorner) =_{df} (\exists x) x: \varphi$。这两者之间的一个共同点在于，对知识这一概念给出更加精确的刻画，并试图以此来更加准确可靠地揭示知识的特性。其基本诉求与语境敏感思想具有某种相通性，但遗憾的是，所使用的方法都是去改变"知识"的涵义，而并没有考虑认知主体。因而，这两种方案显然也都属于语境迟钝方案，所以也难免会具有语境迟钝方案所具有的弱点。安德森的方案实际上是伯奇解决说谎者悖论的语境敏感方案向知道者悖论的推广。当然，人们也对知识谓词的"索引性"的哲学说明提出了质疑，但本书认为其语境敏感的基本路线是正确的。伯奇本人于 1984 年发表《论认知悖论》一文，也以"普莱尔悖论"的解决为例，说明了运用其语境敏感方案解决以狭义知道者悖论为代表的认知悖论的一般途径。由于孔斯（R. C. koons）确立了伯奇型语境敏感方案与情境语义学方案之间的形式同态性①，在理论上就能够把安德森的伯奇型方案转化为情境语义学方案，本书认为这将是解决知道者悖论的最优方案。

---

　　① 对这种形式同态性的建构是孔斯所做的一项重要工作，参见 Koons R. C., *Paradoxes of Belief and Strategic Rationality*, Cambridge: Cambridge University Press, 1992: 110–119.

第四章　广义知道者悖论及其解决方案

根据第二章的梳理，知道者悖论是从一个民间故事出发，经过哲学家与逻辑学家们的不断研究，一步步演化成为一个严格的学术问题的。顺序是先演化成为广义知道者悖论，然后再通过取极限情况，从而得到了狭义知道者悖论。因此，广义知道者悖论比狭义知道者悖论更为复杂。从第一章所指认的"三要素"的角度来看，这里的"复杂"意味着前者的背景知识要素比后者更丰富。已有研究已经印证了这一点。研究者们在研究当中对广义知道者悖论给出了不同的变体与形式刻画。另外，研究者们也针对广义知道者悖论区别于狭义知道者悖论的特征提出了独特的解决方案。

第一节　变体与不同形式刻画

如本书第二章第一节所述，广义知道者悖论在早期仅仅是一件引人好奇的事情，也就是说，它是以一种非正式的形式进入哲学界的。然而后来随着对解决该悖论的努力不断失败，广义知道者悖论逐渐获得了哲学家与逻辑学家们的重视。据不完全统计，到目前为止在英语世界中共有100多篇直接相关的研究文献。一个不争的事实是，该悖论尚未得到解决，它是一个较为复杂的问题。

一、关于变体

在诸多文献当中，广义知道者悖论是以不同的版本与名称出现的。例如，该悖论最早是以"突然演习问题"出现的，而蒯因的研究中使用的是"绞刑版本"。克里普克则认为"绞刑版本"悲剧色彩太浓厚，所以在研究中就选择了"意外考试版本"，意在表明这就是发生在我们日常生活中的一件事情。维斯（P. Weiss）在1952年发表的文章当中最早使用了"预言悖论"这一称谓[1]。该称谓的优点在于，"预言"一词凸显了该悖论的一个

---

[1]　Weiss P., "The Prediction Paradox", *Mind*, No.61, 1952: 265–269.

本质特征，即教师所作出的是一个明确的"公开宣告"。

广义知道者悖论复杂性的另一个表现在于，在多年的研究当中学者们还提出了该悖论的许多变体。[①] 一般来说，这些变体表明表面上看来产生广义知道者悖论的某个条件事实上并不是必要的，即使没有该条件，同样会有悖论产生。也就是说一个变体往往是以某个解决方案的反例而出现的。通常的论证思路如下：变体 a 给出的对广义知道者悖论的解释似乎对该变体非常适用，变体 b 看上去具有明显相同的问题，但 a 的解释却并不适用于 b。

在这种情况下，有的学者认为，只有当一种解悖方案能够同时解决广义知道者悖论的所有变体的时候，这种方案才能够算作一种完全的解悖方案。但笔者认为即使这种观点是恰当的，也绝不意味着可以把解决了广义知道者悖论的变体的方案自然而然地认为也同时解决了广义知道者悖论本身。这是因为广义知道者悖论的变体与该悖论本身之间或多或少是有区别的，当这种区别是本质区别的时候，就很难说解决了广义知道者悖论的变体的方案同时解决了广义知道者悖论本身。

索伦森提出的"被指派的学生悖论"和威廉姆森提出的"瞥悖论"是广义知道者悖论的两个具有代表性的变体。本章后面的部分将分别详尽探讨这两种变体。

二、普莱尔的形式刻画

广义知道者悖论的复杂性决定了其形式刻画并不唯一，除本书第二章第二节所给出的蒙塔古与卡普兰的刻画之外，《综合》（*Synthese*）杂志于2012 年发表了普莱尔（A. N. Prior）给出的形式刻画[②]，值得深入探究。这种刻画首先需要用到经典命题演算中的如下四条定理[③]：

$$(P_1) \ (p \rightarrow q) \rightarrow ((q \rightarrow r) \rightarrow (p \rightarrow r));$$

---

① Cf. Marcoci A., "The Surprise Examination Paradox in Dynamic Epistemic Logic", M.Sc. Thesis, University of Amsterdam, 2010: 10–13.

② 普莱尔的相关论文原稿来自"包德烈图书馆"（Bodleian Library），但写于何时并不清楚。该文是经过汉森（Burri Gram Hansen）、彼得森（Ulrik Sandborg-Petersen）和奥瑟姆（Peter Øhrstrøm）编辑整理后于 2012 年第一次公开发表的。据整理者推测，该文大约写于 1953 年，作为对删除于同年发表在《心灵》（*Mind*）杂志上的关于广义知道者悖论的文章的回应。

③ Prior A. N., "The Paradox of the Prisoner in Logical Form", *Synthese*, No.188, 2012: 411–416.

（P_2）$(p \rightarrow q) \rightarrow (\neg q \rightarrow \neg p)$；

（P_3）$(\neg p \rightarrow q) \rightarrow (\neg q \rightarrow p)$；

（P_4）$(p \rightarrow \neg p) \rightarrow \neg p$。

接着，普莱尔将他自己对广义知道者悖论的理解刻画为如下四个前提（其中，"X"代表"考试在 x 这一天举行"；"t"代表"周二"；显然，$x=s, m, t$，X=S, M, T；"$x-1$"代表"x 这一天之前的那一天"，根据该表达可以给出如下定义：$m =_{df} t-1$，$s =_{df} m-1$）[①]：

（Y_1）$\neg M \rightarrow T$；

（Y_2）$T \rightarrow \neg M$；

（Y_3）$\neg M \rightarrow K^m \neg M$；

（Y_4）$X \rightarrow \neg K^{x-1} X$。

$\neg M \rightarrow T$ 在逻辑上等值于 $M \vee T$，因此（Y_1）所表达的意思是"考试或者在周一进行，或者在周二进行"；$T \rightarrow \neg M$ 在逻辑上等值于 $\neg (M \wedge T)$，因此（Y_2）所表达的意思是"考试只在周一或者周二这两天中的某一天进行，不会两天都进行考试"；（Y_3）的意思是"如果考试没有在周一进行，那么学生们在周一将知道考试没有在周一进行"；（Y_4）的直观意思是"如果考试在 x 这一天进行，那么学生们在 x 的前一天并不知道考试将要在 x 这一天进行"，这表达了"考试的意外性"。

另外，在推导中除了要用到通常的"替换规则"和"分离规则"之外，还需要如下两条特定的推理规则：

（R_1）$\alpha \rightarrow \beta$：$K^x \alpha \rightarrow K^x \beta$；

（R_2）α：$K^{m-1} \alpha$。

规则（R_1）所表达的意思是：如果"如果 α 那么 β"是系统的一条定理，那么"如果学生们在 x 这一天知道 α，那么他们在这一天知道 β"也是系

[①]　普莱尔的文章是以"意外绞刑"的形式提及该悖论的，并且考虑的是周日与周一这两天的情况。为了便于比较，本书对普莱尔的形式刻画做了适当的修改。因此，如无特别说明，所用符号与蒙塔古和卡普兰的刻画中所用的符号意义相同。另外，原文中所使用的逻辑连接词为波兰记法，本书同样将其改为目前学界的通用记法。显然，所有这些修改均不会影响普莱尔原始形式刻画的实质。

统的一条定理。规则（R_2）所表达的意思是：如果 α 是系统的一条定理，那么"学生们在周日（即周一的前一天）知道 α"也是系统的一条定理。实际上，（R_2）刻画了如下假设：只要学生们活着，他们就知道这次意外考试的条件以及这些条件的推论。

从上述前提出发，普莱尔认为可以进行如下推理（在每一步的推理依据中，"…/…"表示替换规则的应用）：

$$（1）T \rightarrow K^m \neg M \qquad （P1）(p/T, q/\neg M, r/K^m \neg M), (Y_2), (Y_3), 分离$$

$$（2）K^x \neg M \rightarrow K^x T \qquad\qquad\qquad\qquad\qquad (Y_1), (R_1)$$

$$（3）T \rightarrow K^m T \quad （P1）(p/T, q/K^m \neg M, r/K^m T), (1), (2)(x/m), 分离$$

$$（4）T \rightarrow K^{t-1} T \qquad\qquad\qquad\qquad\qquad (3), (Df.m)$$

$$（5）K^{x-1} X \rightarrow \neg X \qquad （P2）(q/\neg q), (p/X, q/K^{\wedge x} X), (Y_4), 分离$$

$$（6）T \rightarrow \neg T \qquad （P_1）(p/T, q/K^{\wedge t} T, r/\neg T), (4), (5)(x/t), 分离$$

$$（7）\neg T \qquad\qquad\qquad\qquad (P_4)(p/T), (6), 分离$$

$$（8）M \qquad\qquad （P_3）(p/M, q/T), (Y_1), (7), 分离$$

$$（9）K^{m-1} M \qquad\qquad\qquad\qquad\qquad (8), (R_2)$$

$$（10）\neg M \qquad\qquad\qquad (5)(x/m), (9), 分离$$

在上述推导过程中，（7）表明考试不会在周二发生，而（10）则表明考试不会在周一发生。因此，（7）与（10）合在一起就是学生所做的推理，即满足教师所宣布的条件的考试不会发生。然而，学生们并没有注意到，在该推导中，（8）表明考试会发生在周一。这样，（8）和（10）合在一起就构成了一对货真价实的矛盾。也就是说，上述推理系统是不相容的，因此从该系统中可以推出任何东西。这就是普莱尔对广义知道者悖论的严格形式刻画。

仔细比较不难发现，普莱尔的这种形式刻画最大的区别在于对教师宣告的理解上。回忆本书第二章第二节所给出的蒙塔古与卡普兰对宣告的刻画（P_3），其精确的直观意思是如下：

除非学生在周日晚上知道本预告为假，否则下述要求之一将被满足：（i）考试在周一而不是周二进行，而且学生在周日晚上不知道基于本预告"考试在周一进行"为真；（ii）考试在周二而不是周一进行，而且学生在周一晚上不知道基于本预告"考试在周二进行"为真。

这种刻画显然比普莱尔的刻画更为复杂。显然，在这种刻画之下，教师的宣告是一个自指语句。只有在形式算术系统中，自指语句才能够得到表达。因此，这就导致了这两种形式刻画的另外一点不同之处：蒙塔古与卡普兰的刻画是在形式算术系统中进行的，而普莱尔的刻画只需要诉诸命题逻辑就够了。然而，普莱尔的刻画的一个优点在于，较为直观地刻画出了学生推出满足教师宣告的考试不可能发生的过程。

三、克里普克的形式刻画

广义知道者悖论的第三种形式刻画是克里普克[①]给出的。与以往形式刻画不同的是，克里普克只是总结了广义知道者悖论中矛盾的导出所依赖的 10 个前提，并将之用公式表示，而并没有给出推导过程。以下就是克里普克所给出的刻画（其中，"$Taut$"表示任意命题逻辑重言式）[②]：

（$\Lambda 1$）$K^s(M \vee T)$;

（$\Lambda 2$）$K^s \neg (M \wedge T)$;

（$\Lambda 3$）$K^s \neg K^{x-1}X$;

（$\Lambda 4$）$\neg M \rightarrow K^m \neg M$;

（$\Lambda 5$）$T \rightarrow K^m \neg M$;

（$\Lambda 6$）$K^x \varphi \rightarrow \varphi$;

（$\Lambda 7$）$K^x \varphi \wedge K^x(\varphi \rightarrow \psi) \rightarrow K^x \psi$;

（$\Lambda 8$）$Taut \rightarrow K^x(Taut)$;

（$\Lambda 9$）$K^{x-1} \varphi \rightarrow K^x \varphi$;

（$\Lambda 10$）$K^x \varphi \rightarrow K^x K^x \varphi$。

比较克里普克这里所给出的这 10 条前提和前述普莱尔给出的前提与推理规则可以发现，（Y_1）和（Y_2）再加上（R_2），与（Λ_1）和（Λ_2）是等值的。另外，（Y_3）就是（Λ_4），而从（Λ_1）和（Λ_2）可得 ¬M 与 T 等值，因此（Λ_4）与（Λ_5）等值。也就是说，克里普克的刻画中的（Λ_4）加上（Λ_5），相当于普莱尔的刻画中的（Y_3）。克里普克的刻画中的前提（Λ_6）、（Λ_7）、（Λ_8）和（Λ_{10}）所描述的是知识概念的一些属性，其作用

---

① Kripke S. A., "On Two Paradoxes of Knowledge", in Kripke S. A., *Philosophical Troubles: Collected Papers*, Oxford: Oxford University Press, 2011: 27–51.

② 克里普克的原始刻画所考虑的是一周 7 天的情况，所使用的符号与本书中的符号也有所不同。为方便比较，本书做了适当的修改。这种修改并不影响其实质。

大致相当于普莱尔的刻画中的规则（R_1）、（R_2）和分离规则。（Λ_9）是克里普克的刻画所特有的，其直观意思是："如果一个认知主体在某一天知道某件事情，那么他在以后的日子里也知道这件事情。"该规则表达了知识与时间之间的关系，反映了认知主体具有最基本的记忆能力。实际上，（Λ_9）所表达的意思在普莱尔的刻画中也已经被隐含地表达出来了。

在广义知道者悖论当中最为关键的是对考试的"意外性"的理解与表达。在普莱尔的刻画中，表达"意外性"的是（Y_4），其直观意思是："如果考试在某一天进行，那么学生们在这天的前一天不知道考试在这天发生。"而在克里普克的刻画中，表达"意外性"的是（Λ_3），其直观意思是："学生们一开始就知道，他们自己在考试发生的前一天不知道考试在第二天发生。"无论这两种刻画中的哪一种，都会面临这样一个关键性的问题：学生们知道这次考试的"意外性"，但这一知识是来自哪里呢？显然，正如沙悟第一次指出的[①]，应该来自教师的宣告本身。也就是说，对学生们知道考试"意外性"的表达中应该加入"基于本宣告"。换言之，教师的宣告应该被精确地表达为一个自指语句。然而由（Y_4）和（Λ_3）可以看出，普莱尔和克里普克的刻画都没有表达出这一层关键的意思。而在蒙塔古和卡普兰的刻画中，教师的宣告的这种自指属性得到了恰当的体现。

综合以上比较可知，克里普克的刻画与普莱尔的刻画大致上是等值的。而普莱尔的刻画的优点在于对学生推出满足条件的考试不会发生给出了明确的描述。这两种刻画最大的缺陷在于没有表达出教师的宣告的自指性质，而这正是蒙塔古与卡普兰的刻画所做的。因此蒙塔古与卡普兰对广义知道者悖论的刻画更为精确。

第二节 反"持久性"方案

克里普克基于自己给出的形式刻画提出了一种新的解决广义知道者悖论的方案，即反"持久性"方案。然而，索伦森构造的"被指派的学生悖论"实际上构成了对反"持久性"方案的有力反驳。

一、什么是反"持久性"方案

回忆上一节克里普克的形式刻画，在（Λ_1）-（Λ_{10}）这 10 个前提中，

① Shaw R., "The Paradox of the Unexpected Examination", *Mind*, No.67, 1958: 382–384.

克里普克特别强调了（Λ_9），即知识的持久性原则的必要性。在排除最后一天作为可能的考试日子的归谬论证当中，如果不诉诸于（Λ_9），即使学生在第 $n-1$ 天知道前 $n-1$ 天考试没有发生，他们也推不出最后一天一定举行考试。若要推导出考试一定发生在第 n 天，必须进行如下推理：如果学生事先知道下周的某一天将举行一次考试，那么在第 $n-1$ 天他们一定也知道这一点。显然，只有诉诸前提（Λ_9），才能得到这样的结论。运用这 10个前提，我们就可以通过归谬论证而合乎逻辑地推导出考试不可能发生在一周的最后一天，然后按照相同的思路依次排除一周内其余的日子，最终得出结论说教师宣布的所谓意外考试是不可能发生的。但实际情况是意外考试可以发生，于是就出现了矛盾。

如前所述，在厘清了广义知道者悖论由以导出所依赖的 10 条"公认正确的背景知识"之后，克里普克明确提出了自己对该悖论的看法。克里普克认为，在广义知道者悖论中，矛盾的得出究其原因在于推导中使用了前提（Λ_9），而这条规则是不成立的。克里普克认为，随着时间的推移，认知主体可能会得到一些新的证据去反对原有的知识，随着这样的新证据不断积累，规则（Λ_9）就变得不成立了。克里普克还用他惯用的方式做了如下思想实验来阐明规则（Λ_9）不成立的理由：众所周知，克里普克曾经写过许多关于模态逻辑的文章，但如果有朝一日有人宣称这些文章实际上并不是克里普克写的，而是一个叫"丝米媞"的人写的，只不过是署了克里普克的名字而已，更为重要的是，有人甚至展示了丝米媞写作这些文章的手稿来支持这种反对意见。"经过一定量这样的劝说之后你可能确信我没有写过任何关于模态逻辑的文章。因此在随后的日子里，你甚至不相信我写过关于模态逻辑的文章，更不用说知道了。"[1]

克里普克对广义知道者悖论的形式刻画及其所提出的解悖方案，是他于 1972 年在剑桥大学的一次演讲中所做的，后经过多次修改与讨论，直到 2011 年才在他新出版的个人文集中第一次公开发表。这一点与前述普莱尔对广义知道者悖论的刻画类似，两者都是在尘封多年后才公诸于世的。这是一个有趣的现象，笔者猜测，这也许意味着以严谨与注重原创性著称的这两位公认的世界著名哲学家、逻辑学家对他们自己所提出的刻画并不十分满意，所以才迟迟不肯发表，由此也从一个侧面反映出广义知道者悖论的困难性。

---

[1] Kripke S. A., "On Two Paradoxes of Knowledge", in Kripke S. A., *Philosophical Troubles: Collected Papers*, Oxford: Oxford University Press, 2011: 35.

二、对反"持久性"方案的反驳

如前所述，克里普克的解决方案实际上是在拒斥所谓"知识的持久性"规则。这条规则是说，如果一个认知主体在某个时刻 t 知道或者合理地相信 φ，那么在 t 之后的任意时刻 $t+1$ 该认知主体都将知道或者合理地相信 φ。这是一条颇受争议的规则。一方面，该规则适当地刻画了一个具有初步理性的正常认知主体对知识的记忆能力。然而另一方面，由于在人们生活的现实世界中存在着像遗忘、精神失常以及死亡等这样的现象，所以很多人对该规则持怀疑态度。但是很显然，在广义知道者悖论中所涉及的推理主体都是理想化的主体，所以这种怀疑与广义知道者悖论无关。索伦森构造出了广义知道者悖论的一个变体，而该变体的建立并不需要知识的持久性规则。并且他认为只有当一种解悖方案能够同时解决广义知道者悖论的所有变体的时候，这种方案才能够算作一种完全的解悖方案。

索伦森将他自己所构造出来的广义知道者悖论的这一变体称为"被指派的学生悖论"（the designated student paradox）①。大致来说，该悖论来自如下这样一个思想实验：教师要从 5 名学生中选 1 名去参加一次考试。这 5 名同学分别是安婧、包博、杨柳、张岩和苏航。教师将这 5 名学生按照上述顺序排成一列。这样，苏航能够看到排在自己前面的 4 名学生中每个人的后背，当然他看不到自己的后背；张岩能够看到排在自己前面的 3 名同学中每个人的后背，但看不到自己和苏航的后背，因为苏航排在他的后面；依此类推。排好之后教师拿出 5 个用纸做的五角星给这 5 名学生看，其中有 1 个是金色的，而其他 4 个都是银色的。在确定每名学生都看到之后，教师让他们把眼睛都闭上，然后将 5 个五角星分别粘贴在这 5 名学生的后背上。然后教师让学生睁开眼睛并向他们宣布：后背上粘贴着金色五角星的学生将被称作"被指派的学生"；被指派的学生将去参加这次考试，这是一次意外考试；这里"意外"的意思是，在打乱目前这种队形之前，被指派的学生将不会知道自己就是那个被指派的学生。

在教师宣布完上述通知之后，其中一名聪明的学生立即对教师的通知提出质疑。他认为这样的考试是不可能的，并向教师讲述了自己的推理："我们都知道苏航不是那个被指派的学生。因为如果他是，那么他将看到排在自己前面的 4 个人后背上粘贴的都是银色的五角星，并由此推断出自己后背上粘贴的肯定是金色的五角星。因此苏航将知道自己就是那个被指

① Sorensen R. A., "Conditional Blindspots and the Knowledge Squeeze: A Solution to the Prediction Paradox", *Australasian Journal of Philosophy*, No.62, 1984: 126–135.

派的学生。这与教师宣布的被指派的学生将不能知道自己是被指派的学生相矛盾。我们都知道张岩不是那个被指派的学生。因为如果他是，那么他将看到排在自己前面的 3 个人的后背上粘贴的都是银色五角星，并且由于他已经通过前面的推理而推断出了剩下的一个银色五角星应该被粘贴在苏航的后背上。由此张岩将能够通过推理而知道自己就是那个被指派的学生，再次与教师的宣布相矛盾。同理，可以依次将杨柳、包博和安婧也都排除掉。因此，满足教师所宣布的条件的所谓意外考试是不可能发生的。"教师听完上述这名学生似乎无懈可击的推理之后微笑着让这 5 名学生打乱队形。这时候，杨柳意外地发现自己的后背上粘贴的竟然是金色的五角星。因此，杨柳正是那名被指派的学生，所以她必须参加这次考试。

显然，在广义知道者悖论的原始版本中，要经历从周一到周五这样一段时间，学生在推理中所用的作为背景知识的前提是一天一天积累起来的。这就要求学生具有记忆能力，不会把逐天积累起来的背景知识遗忘掉。而在上述变体中，学生在推理中所使用的作为背景知识的前提是通过"看到"这种直观的方式而积累起来的，因而并不诉诸于知识的持久性原则。

索伦森在他构造的变体当中通过让 5 名学生站成一列队这种方式以空间顺序代替时间顺序，从而巧妙地避开了矛盾的推导过程中对知识的持久性的明显要求（当然，一个绝对没有记忆能力的认知主体也是无法进行上述推理的）。这就表明即使不诉诸于知识的持久性，仍然会产生悖论，也就是说知识的持久性并不是产生广义知道者悖论的决定性因素。

所以笔者认为索伦森提出的"被指派的学生悖论"这一变体可以用来较为充分地反驳克里普克所提出的解决广义知道者悖论的方案。况且从前面克里普克的梳理也不难看出，矛盾的得出需要 10 条前提，也就是说他的论证是建立在其余 9 条前提都成立的基础之上的。但实际情况也许并非此此。例如，KK 规则与认知封闭规则本身是否成立就是当代知识论与认知逻辑中争论的热点话题，其带来的争议丝毫不比知识的持久性规则逊色。另外，克里普克的方案背后还预设了柏拉图关于知识的经典定义（即知识是证成了的真信念），因而还要遭受经典知识论所遭受的所有挑战的质疑。[①] 综上所述，本书认为克里普克解决广义知道者悖论的方案并不成功。

---

① 刘东：《克里普克论知识悖论》，《自然辩证法研究》2012 年第 9 期，第 11–15 页。

第三节　模糊性方案

自古希腊学者们提出秃头问题、谷堆问题以来，关于模糊谓词的所谓"模糊悖论"就一直是逻辑学家与哲学家们长期研究并广泛争论的话题。在众多关于模糊性的理论中，有一种观点认为模糊性是由我们对我们的概念的确切边界的无知而构成的，因此不需要对经典逻辑进行修正。这就是对模糊性的认知观点。持这种观点的哲学家们认为模糊性是一种认知现象，在不确定的情况当中，命题要么为真要么为假，这是确定的，只是认知主体无法知道究竟是为真还是为假。他们基于对模糊性的认知观点提出了解决广义知道者悖论的方案，在学界引起了较为深远的影响，可称之为"模糊性方案"。

一、模糊性方案的缘起

从前一章的分析不难发现，广义知道者悖论中学生的推理可以看作是"逆向数学归纳法"的应用：

（i）归纳基始：学生们可以知道考试将不会发生在最后一天。

（ii）归纳步骤：如果学生们可以知道考试将不会发生在第 n 天，那么他们也可以知道考试将不会发生在第 $n-1$ 天。

（iii）结论：学生们可以知道不存在考试发生的那一天。

在广义知道者悖论当中，排除最后一天作为考试日的论证是最强的，即上述归纳基始是最可靠的。接下来次强的是：考试不可能在倒数第二天发生。当我们按上述逆向归纳法继续推导时，我们到达了分界日，以及最后我们确定是适当考试时间的日子。但是，一旦我们开始这种滑坡的时候就无法从中自拔。显然，这就跟著名的"模糊悖论"具有某种相似：

1 粒谷子构不成一个谷堆。

如果 1 粒谷子构不成一个谷堆，那么 2 粒谷子构不成一个谷堆。

如果 2 粒谷子构不成一个谷堆，那么 3 粒谷子构不成一个谷堆。

如果 3 粒谷子构不成一个谷堆，那么 4 粒谷子构不成一个谷堆。

……

如果 n 粒谷子构不成一个谷堆，那么（$n+1$）粒谷子构不成一个谷堆。

......

很多粒谷子（比方说 1000000 粒）构不成一个谷堆。

戴特（Paul J. Dietl）第一个注意到了广义知道者悖论与模糊悖论之间的这种相似性。[①] 在批评了蒯因没有认识到一次在最后一天进行的意外考试在逻辑上是不可能的之后，戴特着手表明，存在对排除在前的日子的循序渐进的较弱的经验理由。教师不会在倒数第二天给出一次考试，因为他已经假设了该学生足够愚蠢，以至于没有预料到它，因为它是最后一个可能的日子。倒数第三天是一个高度不可能的考试日子，但与倒数第二天的考试并非同样不可能，因为我们必须假定教师已经为排除周五和周四而完成了前面的推理。倒数第四天是一个真正可能性，因为另一个关于教师的推理的假设必须被作出。根据戴特所述，一旦我们到达比如说，倒数第23 天，那么显然学生已经没有理由预料它了。因此，戴特接受该归纳的基础步骤，但拒斥归纳步骤。另外，戴特还为考试日子提供了一个粗略的概率次序。

在戴特之后，史密斯（J. W. Smith）也强调了广义知道者悖论与模糊悖论之间所具有的相似性，他将广义知道者悖论与模糊悖论划归为一类的理由基于他对数学归纳法的怀疑态度。[②]

二、盲点方案

索伦森把摩尔（G. E. Moore）所发现的形如"天正在下雨，但我不相信这件事"这样的命题称为"盲点"。盲点是一个其含义来源于医学的概念。在医学当中，眼球的盲点是指视网膜上的一个特殊的点，在这个点上，视神经通过该眼球的内膜。因此，在盲点上不存在光感受器，也就是对光没有敏感性，因而也不存在视觉。由于眼球的盲点是极其微小的，所以它并不对人们构成什么障碍。事实上，许多人从来都不知道自己有盲点。

如果把上述医学意义上的盲点推广一下，那么这一概念就可以类比地表达一种不可达到的东西。也就是说，某个东西是不可达到的，如果它不能被获得。人们能够做的事情和不能做的事情取决于一个潜在的限制集合。例如，人们不能从南京乘汽车到达悉尼，但能够乘飞机到达那里。

---

① Dietl P., "The Surprise Examination", *Educational Theory*, No.23, 1973:153–158.

② Smith J. W., "The Surprise Examination on the Paradox of the Heap", *Philosophical Papers*, No.13, 1984: 43–56.

一般情况下，我们以规则与初始条件的形式把相关的限制清楚地公式化。例如，我们可以把命题"我不能飘浮在稀薄的空气中"清楚地说明如下："已知中立规则和初始条件'我是地球上的一个 80 公斤的个体，并且地球在未受干扰的轨道中运行'，则我将不能飘浮在空气中。"一般地，对不可到达性的断言与人们的目的地、传送方式以及进一步的限制有关。因此，可以通过确定这些值而给不可到达性分类。

在索伦森那里所关心的不可达到的东西是命题，传送方式是命题态度。并且这里对弱的限制感兴趣，而最弱的限制是逻辑规律。因此，索伦森把在最弱的限制下通过命题态度不可到达的命题称为"盲点"。确切地说，一个命题 p 是关于给定命题态度 A 和一个给定个体 a（在时间 t）的一个盲点，当且仅当 p 是相容的，但 a 不能对 p 具有命题态度 A。这里的"不能"的确切含义被背景限制所指定。这些限制包括纯的逻辑规则（使得"不能"等值于"逻辑上不可能"），以及像物理规则、心理学规则这样的限制，等等。

在索伦森看来，解决广义知道者悖论的途径在于证明学生对考试发生在周五不感到意外。显然，这种想法是沿着删因的思路进行的，但删因的解决方案已经被证明是一种不成功的方案，因此需要对其进一步改进。对于索伦森的方案① 来说，至关重要的是所谓"认知盲点"（Epistemic Blindspot）这一概念。它源自辛迪卡（J. Hintikka）的"反执行陈述"（anti-performatory statement）②。一个命题 p 在时刻 t 对某个认知主体 i 来说是一个认知盲点，当且仅当 p 是相容的而 $K_i^t p$ 是不相容的。例如，考察命题"天正在下雨，但张三在时刻 u 并不知道这一点"以及张三和李四这两个认知主体。设 "φ" 代表"天正在下雨"，"z" 代表张三，"l" 代表李四。显然命题"天正在下雨，但张三在时刻 u 并不知道这一点"是相容的，但如果假设张三知道"天正在下雨，但张三在时刻 u 并不知道这一点"就会导致不相容。推导如下：

（1）$K_z^u(r \wedge \neg K_z^u r)$　　　　　　　　　　　　　假设

（2）$K_z^u r \wedge K_z^u \neg K_z^u r$　　　　　　　　（1）知识对 $\wedge$ 的分配规则

（3）$K_z^u r$　　　　　　　　　　　　　　　　（2）$\wedge$ 消去

① Sorensen R. A., "Conditional Blindspots and the Knowledge Squeeze: A Solution to the Prediction Paradox", *Australasian Journal of Philosophy*, No.62, 1984: 126–135.

② Hintikka J., *Knowledge and Belief: An Introduction to the Logic of the Two Notions*, Ithaca: Cornell University Press, 1962: 90–91.

（4）$K_z^u \neg K_z^u r$　　　　　　　　　　　　　　　（2）∧消去

（5）$K_z^u \neg K_z^u r \rightarrow \neg K_z^u r$　　　　　　"知"蕴含"真"原则

（6）$\neg K_z^u r$　　　　　　　　　　　　　　　（4）（5）分离

（3）和（6）矛盾。然而，从假设李四知道"天正在下雨，但张三在时刻 u 并不知道这一点"［即 $K_l^u(r \wedge \neg K_z^u r)$］却推导不出矛盾。因此，上述命题对张三来说是一个认知盲点，但对李四而言就不是认知盲点。

认知盲点这一概念之所以重要，其原因在于它构成了关于知识的一般性质的反例。以下就是几条关于知识的一般性质：

规则一：$(\forall p)(\Diamond p \rightarrow (\forall i) \Diamond K_i p)$；

规则二：$(\forall p)(\forall i)(\forall t_1)(\forall t_2)(\Diamond K_i^{t_1} p \rightarrow \Diamond K_i^{t_2} p)$；

规则三：$(\forall p)(\forall i)(\forall j)(\Diamond K_i p \rightarrow \Diamond K_j p)$。

上述规则一的意思是"可能为真的东西都可能被知道"。对于该规则而言，尽管它是一条令人感到兴奋的规则，但哲学家们一般认为对于现实生活中的人来说，所知道的东西是有限的，也就是说这条规则并不普遍成立。例如，康德认为关于本体的命题就是不可知的，而摩西断言关于上帝的肯定命题是不可知的。尽管康德和摩西的上述断言的内容是有争议的，但他们对规则一拒斥是完全正确的。认知盲点理论给出了对这种拒斥的一种论证。考虑如下命题：

没有人知道任何东西。

上述命题用公式表示为：$\neg (\exists i)(\exists p) K_i p$。因为 $\neg (\exists i)(\exists p) K_i p$ 是相容的，而 $(\exists j) K_j (\exists i)(\exists p) K_i p$ 是不相容的，所以上述命题对任何人来说都是一个认知盲点。

规则二的意思是"在某个时刻对于一个认知主体来说可能知道的任何东西都可能在其他时刻被该认知主体知道"。它反映了如下思想，即时间与认知无关，这一点看起来似乎是比较符合直觉的。但如下认知盲点却表明规则二是错误的：

王五将在他 18 岁生日那天第一次知道自己是被领养的。

与规则二相反，王五在 19 岁时能够知道上述命题，但在 17 岁时却不能知道它。因此该反例就提供了拒斥规则二的一种论证。也就是说有时候不能根据所处的时间位置去推断能够知道什么。

正如时间与能够知道什么东西无关一样，直觉上其他人与能够知道什么也无关，这正是规则三背后所表达的直观思想，其意思是"可能被某个认知主体知道的任何东西都可能被其他认知主体所知道"。但同样存在该规则的反例。考虑如下认知盲点：

> 王五过去从来不知道、现在不知道、并且将来也永远不会知道自己是被领养的。

与规则三相反，王五的母亲可能知道上述命题，但王五却不可能知道上述命题。这种论证也支持莱特和萨博瑞的分析。他们所提出的一个反直觉的结论是，除学生之外的其他人能够知道考试将在仅剩的几天中进行，但学生却不能知道这一点。尽管事实上学生和除学生之外的其他人拥有相同的证据，并且都是理想推理者，但其他人作为不感到意外的人，能够知道学生所不知道的东西。这个奇怪的结论源于如下事实：教师的预告和只有一天剩余这两个命题的合取对学生来说是一个认知盲点，而对除学生以外的其他人来说则不是（因为教师的预告只说学生将感到意外，而没有说其他人也感到意外）。

在认知盲点这一重要概念的基础上，索伦森进一步定义了直接用于解决广义知道者悖论的概念——"条件句盲点"（Conditional Blindspot）。一个命题 p 在时刻 t 对某个认知主体 i 来说是一个条件句盲点，当且仅当 p 自身并不是一个盲点，但等值于一个后件对于 i 来说是认知盲点的条件句。例如：

> 如果鲁滨逊幸存下来了，那么他就是唯一知道这件事的人。

上述命题对于除鲁滨逊之外的其他人来说都是一个条件句盲点。

如果已知一个命题对于某个认知主体来说是一个条件句盲点，那么对于该认知主体来说可能知道该命题，并且也可能知道该命题的前件；但既知道该条件句盲点又知道其前件是不可能的。这一点通过以下例子可以看出。回到前面对认知盲点的不可知性的证明。设 "q" 代表 "张三被麻醉"，则

（1）$K_z^t q \wedge K_z^t (q \rightarrow (r \wedge \neg K_z^t r))$ 假设

（2）$K_z^t q \wedge K_z^t (q \rightarrow (r \wedge \neg K_z^t r)) \rightarrow K_z^t (r \wedge \neg K_z^t r)$ 认知封闭规则

（3）$K_z^t (r \wedge \neg K_z^t r)$ （1）（2）分离

因为前面已经证明从假设 $K_z^t (r \wedge \neg K_z^t r)$ 能够推导出矛盾，所以由此自然可得"张三知道自己被麻醉，并且张三知道如果自己被麻醉那么天正在下雨并且自己不知道这一点"是不相容的。

回到广义知道者悖论上来。索伦森指出，有 $n+1$ 个可能的考试日期的情况下教师的预告对于学生来说实际上是一个条件句盲点，而对于除学生以外的其他人来说却不是。这正是索伦森提出的解决广义知道者悖论的一种途径。

为简单起见考虑有 2 个可能的考试日期的情况，并且只有一个学生大卫。这种简化并不影响问题的实质。教师的预告如下：

> 考试或者发生在周二或者发生在周三，但无论哪种情况，大卫都不会预先知道。

设"p_2"表示"考试发生在周二"，"p_3"表示"考试发生在周三"，"d"表示大卫。则教师的预告可以符号化如下：

（D）$(p_2 \wedge \neg K_d p_2) \vee (p_3 \wedge \neg K_d p_3)$。

上式实际上等值于：

（D*）$\neg(p_2 \wedge \neg K_d p_2) \rightarrow (p_3 \wedge \neg K_d p_3)$。

显然，由（D*）的结构不难看出，教师的预告对于大卫来说是一个条件句盲点。所以大卫能够基于教师的权威而知道该预告。然而，一旦大卫知道直到周二考试仍然没有发生，则他就知道了（D*）的前件，因此大卫就不能继续知道该预告。但对大卫的朋友小杭来说则能够既知道（D*）的前件又知道（D*）本身。所以教师能够对大卫通知预告，并且在周三举行这次考试。这就是索伦森所提出的基于条件句盲点分析的解决方案。

索伦森认为自己的这种条件句盲点分析能够拓展到广义知道者悖论的

全部变体上来。所有具有 $n+1$ 个可能的考试日期的情况的变体的一个共同特征是它们都包含一种"知识挤压"（knowledge squeeze）。所谓知识挤压是这样一种情境：在这种情境中，如果某个认知主体既知道某个条件句盲点，又知道该条件句盲点的前件，那么就会产生矛盾。由此，索伦森总结出了广义知道者悖论的论证的一般模式（共 4 步）：

第一步，描述这样一种情境，在这种情境中，一个认知主体或者一个认知共同体似乎知道对于他（或他们）来说是条件句盲点的一个命题。例如在上面的例子中，描述了值得大卫信任的教师如何告诉大卫（D）为真。

第二步，描述一种可能性，即该认知主体或者认知共同体似乎觉察到该条件句盲点的前件为真。例如在前面的例子中大卫发现直到周二考试仍然没有发生。

第三步，问：这种可能性确实是可能的吗？如果把该问题理解为"对于该认知主体或者认知共同体来说既知道该条件句盲点又知道其前件确实是可能的吗"，那么回答当然是否定的；但如果理解为"该条件句盲点及其前件能够同时为真吗"，则回答就是肯定的。然而对广义知道者悖论感到迷惑的人不熟悉条件句盲点的特殊认知特征，因此他们十分自信地认为这种可能性确实是不可能的，并且接受从对该问题的第二种理解的否定回答所得出的结论：这种可能性被排除，并且其否定被添加到了背景知识中。例如在前面的例子中，同意大卫能够排除考试发生在周三的可能性，并且允许他在检验可能性的时候使用这条知识。

第四步，证明这条导出知识如何使该认知主体或者认知共同体能够排除其他可能性。这种"多米诺效应"源自下述事实：该条件句盲点与其前件的否定的合取或者是一个盲点，或者是一个新的条件句盲点。如果该合取是一个盲点，那么人们会问：这确实是一种可能性吗？这个问题同样具有两种解释：第一种解释是"该认知主体或者认知共同体知道该盲点为真是可能的吗"；第二种解释是"该盲点为真是可能的吗"。同样，对广义知道者悖论感到迷惑的人由于不熟悉认知盲点而错误地推导出这最后一种可能性，并且得出结论说该预告不能得到满足。在前面的例子中大卫正是如此。在排除了考试发生在周三的可能性之后，大卫就面对这样一个盲点，即考试在周二进行，但他自己却不知道这一点。对广义知道者悖论感到迷惑的人做了这样的推理：因为当某件事情将要发生的时候如果告诉某人这件事情什么时候发生，那么他就不会感到意外，所以考试在周二进行就不能使大卫感到意外。另一方面，如果该条件句盲点与其后件的否定的合取构成了一个新的条件句盲点，那么导出一个条件句盲点的后件的否定的过程将在这个新的条件句盲点上重复进行。

　　在前面索伦森所给出的广义知道者悖论的变体中，初始的条件句盲点包含单独针对每个学生的盲点，站在队列后部的学生所分享的逐步增加的直觉知识强制地规定了消去的次序。这就表明，能够通过修改认知时机的数量和种类，或者说通过修改条件句盲点中所包含的盲点的性质，从而以不同的方式去建构知识挤压。也就是说原始的广义知道者悖论和索伦森所提出的变体之间存在一个共同的特征——知识挤压。这就为寻找一种解决该类悖论的一般方案提供了条件。广义知道者悖论及其变体开启了关于盲点或者条件句盲点的推理谬误。在 1 步推理（例如只有一个可能考试日期的广义知道者悖论）中，只有错误地假设盲点能够被它们的承担者所知道，人们才对悖论感到迷惑。在 $n + 1$ 步推理中，条件句盲点被用作建立一种知识挤压；因此在这种情况中，只有错误地从既知道相应的条件句盲点又知道其前件而推导出其后件，人们才对悖论感到迷惑。

　　综上所述，盲点理论是索伦森提出的一整套关于模糊性的理论，而解决广义知道者悖论只是其盲点理论的一个应用，因此，按照 RZH 解悖标准，盲点方案的最大优点在于满足了非特设性的要求。

三、不确定知识方案

　　如前所述，广义知道者悖论与狭义知道者悖论的区别之一在于，前者的"背景知识"当中所包含的 C_2 并没有在后者中出现。实际上是如下 KK 规则的特例：$Kp \rightarrow KKp$。在《知识及其限度》一书中，威廉姆森提出了一个思想实验，以此来反对 KK 规则，从而解决广义知道者悖论，这就是不确定知识方案。威廉姆森所描述的场景如下：一个正常的人，比如曼谷女士，站在与一棵树足够远的地方估计这棵树的具体高度。假设这棵树的实际高度是 333 英寸。假设曼谷女士满足如下规则：

　　（H）这棵树的高度是 333 英寸。

　　（N）曼谷女士知道这棵树的高度不是 0 英寸。

　　（MfE）曼谷女士知道，如果这棵树的高度是 $i+1$ 英寸，那么她不知道它不是 i 英寸（对任意相关自然数 i）。

　　（KK）如果曼谷女士知道 p，那么她知道自己知道 p（对任意相关命题）。

　　（EC）如果 p 和集合 Σ 的所有元素都是相关命题，并且 p 是 Σ

的逻辑后承，并且曼谷女士知道 Σ 的每个元素，那么她也知道 p。

（F）如果曼谷女士知道 p，那么 p 是真的。

（MfE*）如果曼谷女士知道这棵树的高度不是 i 英寸，那么这棵树就不是 i 英寸高（对任意相关自然数 i）。

于是，从上述前提出发可以作出如下演绎推理：

（1）曼谷女士知道这棵树的高度不是 0 英寸。 前提

（2）曼谷女士知道自己知道这棵树的高度不是 0 英寸。

（1），（KK）

（3）曼谷女士知道，如果自己知道这棵树的高度不是 0 英寸，那么这棵树的高度不是 1 英寸。 （MfE*）

（4）曼谷女士知道这棵树的高度不是 1 英寸。（2），（3），（EC）

……

（$3i$+1）曼谷女士知道这棵树的高度不是 i 英寸。

重复推理（1）—（4）

……

（1000）曼谷女士知道这棵树的高度不是 333 英寸。

重复推理（1）—（4）

（1001）这棵树的高度不是 333 英寸。 （1000），（F）

（1002）矛盾！ （1001），（H）

上述演绎推理可以看作一个归谬论证。从两个明显的事实 H 和 N 以及认知规则（MfE）、（KK）、（EC）和（F）出发，可以推导出矛盾来。因此，这些前提中至少有一个为假。

从柏拉图的《美诺篇》和《泰阿泰德篇》（这两者被认为是认识论的开端）开始，大多数哲学家都假设知识是一种真信念。前提（F）由此自然可得，因为它意味着知识蕴涵真理。因此，"知道"经常被称为使役性动词。所以，曼谷女士显然满足该前提，因为我们假设她是一个正常的人。

前提（MfE）被称为"容错边界规则"。威廉姆森认为该规则表达了知识的一种可及条件。"在我们仅有一种有限的能力区分 p 在其中为真的情况和 p 在其中为假的情况的地方，知识需要一种容错边界：即在其中我们能够知道 p 的情况必须与在其中 p 为假的情况不太接近，否则，我们在

前一种情况中对 p 的信念将缺乏足够的基础以达至构成知识。"[1] 用威廉姆森的话说，"曼谷女士的演绎能力并不足以使她克服自己的视力与判断高度的能力的限制，而且她知道自己没有这样的能力"[2]。因此，(MfE) 对曼谷女士成立。

威廉姆森认为，或者（EC）不成立，或者（KK）不成立。认知封闭规则（EC）在该具体情况当中确实成立，尽管它并不普遍成立。在该思想实验当中，(EC)"仅仅描述了曼谷女士的状态，一旦她通过完成其演绎而获得了对所讨论命题的反思均衡"[3]。直觉上，"演绎是人扩展知识的一种方式：即如果知道 $p_1, p_2, \cdots, p_n$ 恰好演绎出 q，并且因此而开始相信 q，是以一种普遍的方式开始知道 q"[4]。威廉姆森称该规则为"直觉封闭规则"，而且他注意到，如果直觉封闭规则成立，那么（EC）成立。曼谷女士显然满足直觉封闭规则成立的条件。因此，该条件对曼谷女士可用。这表明，否认直觉封闭规则就意味着否定（EC）。因此，威廉姆森得出结论说，(EC) 在曼谷女士的情境当中确实成立。

威廉姆森的论证形式与连锁悖论的论证形式类似，实际上是重复了他在《模糊性》[5] 一书中的论证。在同类场景当中，假设一个正常人通过视觉估计一个体育场中的确切人数。更进一步讲，该策略主要源自威廉姆森在其 1992 年的论文[6] 中提出的模态逻辑中的形式论证。该归谬论证所依赖的主要预设是容错边界规则，该规则是威廉姆森关于不确定知识的思想的具体化。在威廉姆森 1992 年的另外一篇论文当中，他论证了"我们的大多数知识是不确定的，并且以这种方式为我们所知"[7]。一般来说，不确定知识的例子通常是通过不精确的感官知识获得的。

作为上述反 KK 论证的应用，威廉姆森认为，通过诉诸前述论证，可以解决广义知道者悖论。

威廉姆森提出了与广义知道者悖论同构的一个变体，称为"瞥悖论"（the Glimpse）。设一个学期有 n 天，则瞥悖论是如下场景：在学期开始的时候，一名教师在他办公室校历上唯一一个考试日上面画了一个圆圈。他

①　Williamson T., *Knowledge and Its Limits*, Oxford: Oxford University Press, 2000: 17.

②　Ibid: 116.

③　Ibid.

④　Ibid: 117.

⑤　Cf. Williamson T., *Vagueness*, London: Routledge, 1994: 217–239.

⑥　Cf. Williamson T., "An Alternative Rule of Disjunction in Modal Logic", *Notre Dame Journal of Formal Logic*, No.33, 1992: 89–100.

⑦　Williamson T., "Inexact Knowledge", *Mind*, No. 101, 1992: 217.

的学生通过从远处瞥日历而知道这件事。瞥仅仅保证学生看到有且仅有一个日子被圈出，而且这天距离学期最后一天并不远。学生从瞥当中也知道，考试不会发生在学期最后一天。学生们认识到他们的处境，意思是学生知道，对所有的数 i，如果考试日期距期末 $i+1$ 天，那么他们现在不知道考试是否将距期末 i 天（$0 \leqslant i \leqslant m$）。例如，学生们知道，如果考试发生在倒数第二天，那么他们现在不知道考试将不发生在最后一天。于是，学生们从上述条件演绎出，考试将不发生在倒数第二天。他们也知道，如果考试发生在倒数第三天，那么他们现在不知道考试将不发生在倒数第二天。由此他们演绎出，考试将不发生在倒数第三天，……，依此类推，学生排除了一学期中的所有日子作为考试可能发生的日期。①

显然，瞥悖论与广义知道者悖论类似。教师宣告的内容在瞥悖论中对应如下宣告：如果考试日期距期末 $i+1$ 天，那么学生们不知道它不是 i 天。在广义知道者悖论中说学生们不能预见到该宣告为真，对应于在瞥悖论中说学生不能够通过反思在其感官知识的缺陷知道他们对知识的限制。瞥悖论与曼谷女士思想实验的相似之处在于：假设 $r(i)$ 表示"日历上画圈的日子距离学期最后一天 i 个位置"。威廉姆森的假设是：（i）$Kr(0)$；（ii）$K[r(i+1) \to Kr(i)]$，对任意 $i < m$。与曼谷女士的情况类似，Kr（1）可以从假设 KK 与 EC 推导出来。然后，重复前述推理，可以得到 Kr（m）（对任意相关的数 m）。一般地，威廉姆森认为如下关系成立（其中符号"≌"在这里表示"同构"关系）：

曼谷女士情境≌瞥悖论≌广义知道者悖论

基于这种同构关系，威廉姆森断言，曼谷女士情境中的反 KK 论证能够被应用于解决广义知道者悖论。这就是威廉姆森解决广义知道者悖论的方案。

第四节　博弈论方案

广义知道者悖论自提出以来，不断有新的特征被哲学家们所发现，典型的例子是蒯因于 1953 年发现了该悖论中所隐含的关于"知识"这一概念的问题，从而将其归结为与知识相关的问题。显然，广义知道者悖论是

---

① Williamson T., *Knowledge and Its Limits*, Oxford: Oxford University Press, 2000: 135.

一个比较复杂的问题，而博弈论方案就揭示出了广义知道者悖论的又一新特征。

一、博弈论方案的起源及意义

近年来，一些学者使用博弈论这一社会科学方法论作为一种更加自然的模型去研究广义知道者悖论。博弈论的使用已经澄清了关于该悖论的一些重要争论。然而，以博弈论的方式解释广义知道者悖论的思想最早起源于沙普（R. A. Sharpe）对该悖论的研究。沙普的本意是要表明自指并不是产生广义知道者悖论的一个充分条件。就此，他论证说：

> 因为这里的规则排除了一周中的所有日子作为可能的考试日，所以在如下意义上最终选择一天是意外的：展示对该悖论的忽略，或者对该规则的一种深思熟虑的打破。一种自指要素产生自下述事实：在该悖论所能够发生的学期中，教师在选择某一天之前必须考虑学生的预测。因为教师不能选择学生已经预测到的那一天，所以学生从反面影响了该选择，并且如果学生在作出选择中起作用，那么很难看到它能够使学生意外。①

显然，沙普所提及的"自指要素"实际上是一种在博弈论意义上的自指，即教师的选择是自指的，因为它依赖于教师自己对学生的预测的信念，而这又反过来依赖于学生对教师的选择的信念。

最早以博弈论的形式分析广义知道者悖论的是卡格（J. Cargile）②。卡格把广义知道者悖论构想为包含理性主体，其中的一方正在试图作出一个不能被另一方预测到的选择，即使所有理性主体拥有相同的相关信息。卡格规定，教师没有办法使自己的选择随机化，并且这一点是公共知识。学生除了知道教师更喜欢给出一次意外考试之外，还知道以下这一点是公共知识：教师和学生都是理想化的理性主体。卡格经过分析最后得出的解决方案是这样一种要求，即知识的确定性标准是随着语境而不规则地变化的。

卡格以博弈论的方式分析广义知道者悖论这一点是具有创新意义的，但在分析及解决过程中，他预设教师不使用概率去选择考试日期以及诉诸

---

① Sharpe R. A., "The Unexpected Examination", *Mind*, No.74, 1965: 255.

② Cargile J., "The Surprise Test Paradox", *Journal of Philosophy*, No.64, 1967: 550–563.

知识的确定性标准随语境而变化的思想，具有明显的特设性。因此笔者认为他的解决方案并不是一种合格的方案。

谈论解决广义知道者悖论的博弈论学派也许为时尚早，因为只有少数工作使用博弈论去解决或说明该悖论的某些方面。在卡格之后，索伦森 ① 论证了广义知道者悖论与有限次重复囚徒困境之间存在一种相似性。相反，欧琳 ② 则通过论证反对这种相似性。吉博（I. Gilboa）和司麦德（D. Schmeidler）③ 给出了一种不同的方法：他们将广义知道者悖论模型化为依赖信息的博弈的一个例子。这些博弈构成了一个新的模型，该新模型不同于正规形式的博弈，其不同之处一方面在于一个新的要素被添加进来，即可能的预测轮廓的集合，另一方面在于，支付函数不仅依赖于所选择的策略，还依赖于所选择的预测。对于该项的一个恰当的定义，他们表明，没有信息上相容的方式进行意外考试博弈，因此将该悖论减弱为一条不可能性定理。

二、贝叶斯框架下的解悖方案

效果最好的使用博弈论方法对广义知道者悖论进行分析的例子出现在索伯（E. Sober）的论文④当中。索伯给出了一种简洁的解决方案，将广义知道者悖论模型化为一个有限次匹配硬币博弈，然后继续讨论像学生相信（并且使用）与教师相同的分布的假设这样的争论点，给出了谨慎的预测与基于证据的预测之间的区别。这种解决方案有效地避免了卡格方案中的两点特设性。接下来我们将详细考察索伯的解决方案，以此来展示博弈论方案的特征。

索伯认为，教师的目的是给出一次令学生意外的考试，而学生的目的则是在考试发生之前预测到这次考试，从而使教师的打算落空。索伯将试图确定教师能够用来决定考试日期的最佳策略，以及学生用来预测考试何时将发生的最佳策略。这是博弈论中的问题，因为对一个参与者来说哪个行动策略是最优的，这取决于另外一个参与者做了什么。

在该问题的讨论中，通常的假设是，参与者是理想的理性主体；他们

① Sorensen R. A., *Blindspots*, Oxford: Oxford University Press, 1988.

② Olin D., "Predictions, Intentions and the Prisoner's Dilemma", *The Philosophical Quarterly*, No.38, 1988: 111–116.

③ Gilboa I. and Schmeidler D., "Information Dependent Games: Can Common Sense Be Common Knowledge?", *Economics Letters*, No.27, 1988: 215–221.

④ Sober E., "To Give a Surprise Exam, Use Game Theory", *Synthese*, No.115, 1998: 355–373.

不犯逻辑错误，并且进而会注意到他们所相信的东西的相关蕴含——即他们是"逻辑全能"的。另外，每个参与者都知道另一个参与者是一个理想化的理性主体。例如，如果对于教师来说避免学期的最后一天作为一个考试日期将是理性的，那么她将这样做，并且学生将知道她将这样做。理性是"公共知识"。这意味着如果在已知教师的目的是使学生感到意外的条件下，存在对教师来说去遵循的一个最为理性的策略，那么教师将遵循该策略，并且学生将知道教师正在这样做。

索伯在贝叶斯框架中提出理性和公共知识的思想。在学期开始之前，教师和学生都处在一种不确定考试将在什么时候进行的状态中；然后，通过反思他们自己的目的和所处的情境，以及对方的目的和所处的情境，他们各自作出了一个关于考试何时将发生的决策。教师开始于分布在该学期的 n 天上的一个概率分布 p_1, p_2, K, p_n 深思熟虑也许导致他去修改；学生同样开始于一个概率分布 q_1, q_2, K, q_n，他们可以通过反思而改变这种分布。在教师和学生分别为展现在他们面前的这个学期选择了一个概率分布之后，该学期的第一天来到了。如果考试就发生在这一天，则能够看到学生是多么意外，并且博弈结束。如果考试没有发生，则教师与学生双方都必须通过考虑发生在学期第一天的事情而给剩下的 $n-1$ 天选择新的概率分布。如果考试发生在第二天，则再次能够看到学生是多么意外，并且博弈结束。如果考试没有发生，则两个参与方为剩下的 $n-2$ 天建立新的概率分布。依此类推。索伯的目标是去确定在每个阶段教师和学生应该选择什么样的分布；一个完全的解决将确定 n 组分布，每组分布对应一天。

现实中的学生不想对考试感到意外，但他们也不想对考试作出错误的预测。错误的预测包括两种情况：一种是某一天实际上不举行考试，但学生却预测这一天考试；另一种是某一天实际上举行考试，但学生却预测这一天不考试。这样，在前一种错误的情况下，可以认为学生付出的代价是浪费时间准备考试，而后一种错误的代价则是感到惊讶。因此，如果考试在某一天发生，并且学生预测到了考试将在这一天发生，那么学生获得一个 $+x$ 的奖励；如果他们预测考试在某一天发生，但实际却没有发生，那么学生将得到处罚，即 $-x$。相应地，当考试发生但学生没有预测到，他们将支付一个 $-x$ 的处罚；当他们正确地预测到考试将不发生，他们获得了一个 $+x$ 的收益。学生的支付如下：

表 4.1

	考试发生	考试不发生
学生预测考试	$+x$	$-x$
学生预测不考试	$-x$	$+x$

关于这些指派存在某些人工性。为什么假设学生对发生在给定一天中的事情而拥有精确地是这些大小的效用呢？并且为什么假设与一天联系在一起的效用和与另一天联系在一起的效用相同呢？也许学生将当心发生在第三天的一次意外考试，比他们当心发生在第三十天的一次意外考试更少。一种更现实的分析也许将效用的一种不同的四元组与该学期的 n 天中的每一天联系在一起。然而幸运的是，索伯对关于得益的假设的简化将不影响涉及学生在逆向归纳论证中哪里出了错的诊断。

在已经明确学生喜欢什么和不喜欢什么之后，对教师的分析是什么呢？为保持事情简单，假设教师是其学生的"镜像"。也就是说，如果教师成功地给出了一次意外考试，那么她获得了一个数量为 $+x$ 的收益；如果她给出一次已经被学生预测到的考试，那么她的效用为 $-x$；依此类推。这种简化也将不影响问题的关键点。

猜硬币博弈是博弈论文献中的一个标准例子。假设有两个参与者，即马丽和唐穆。马丽把一枚硬币藏在她的左手或者右手中。唐穆必须说出这枚硬币被藏在了哪只手里。如果他猜对了，则马丽给他一枚硬币；如果他猜错了，则他必须给马丽一枚硬币。每个参与者都有两种行动，并且行动的支付如表 4.2 所示：

表 4.2

	唐穆说	
	右手	左手
马丽将硬币藏在左手中	$-x$	$+x$
马丽将硬币藏在右手中	$+x$	$-x$

如果每个参与者的选择都被限制在或者明确地选择左手或者明确地选择右手，那么在假设每组选择都是公共知识的前提下，每组选择都是不稳定的，一个参与者或者另一个参与者能够通过单方面变化而改善自己所处的

情境。深思熟虑推动着参与者们在一个永无止境的循环中运动，如图4.1所示：

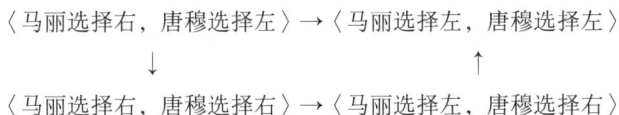

〈马丽选择右，唐穆选择左〉→〈马丽选择左，唐穆选择左〉
    ↓   ↑
〈马丽选择右，唐穆选择右〉→〈马丽选择左，唐穆选择右〉

图 4.1

如果允许参与者选择混合策略，那么这种情境将彻底改变。如果马丽与唐穆各自选择一个概率分布，允许某种服从受到优待的分布的随机化策略去选择他们将要执行的行动，那么存在一组选择满足：两个参与者都不能通过单方面背叛而收到更好的效果。这种布局被称作一个纳什均衡：当每个参与者给左和右指派一个相等的概率的时候，纳什均衡存在。为了看到这个均衡关系，需要对每个参与者提出期望效用，在这里，p 是马丽选择左的概率，而 q 则是唐穆选择左的概率：

$$E(马丽) = -pqx-(1-p)(1-q)x+p(1-q)x+(1-p)qx,$$
$$E(唐穆) = +pqx+(1-p)(1-q)x-p(1-q)x-(1-p)qx。$$

注意，如果马丽指定 $p=0.5$，则唐穆具有相同的期望，无论他给 q 指派什么值。并且如果唐穆指定 $q=0.5$，则马丽具有相同的期望效用，无论她给 p 指派什么值。在〈马丽指定 $p=0.5$，唐穆指定 $q=0.5$〉处存在一个纳什均衡；没有其他组分布具有该性质。

索伯认为，意外考试问题是猜硬币的一种重复博弈。在该学期的每一天到来之前，教师和学生必须给剩下的 r 天指派概率。在该博弈中，第一步是对于他们来说去选择一对 n 天上的分布，第二步是去建立考虑前一天所发生的事情的 $n-1$ 天上的分布，依此类推。因此在每一阶段，参与者为 p_1, p_2, K, p_r 和 q_1, q_2, K, q_r 分别选择值，其目的是使各自的期望效用最大化。

该博弈进入到进行时阶段，也就是说随学期的展开，用新的概率取代旧的概率，这使得该问题变得更加复杂了，并且导致了这样一种解决方案，这种方案并不与猜硬币博弈可能导致取得期望的东西精确地相似。为了看到应该如何分析该问题，假设一个学期只有2天。在该学期开始之前，教师在第一天给出一次考试的概率是 p，并且她在第二天给出一次考试的概率是 $1-p$。同样，学生的先验概率分别是 q 和 $1-q$。如果第一天考试没有发生，则考试发生在第二天的概率就成为 1。两个参与者的期望效用如下：

$$E(\text{教师}) = +p(1-q)x+(1-p)qx-pqx-(1-p)(1-q)x-(1-p)x,$$
$$E(\text{学生}) = -p(1-q)x-(1-p)qx+pqx+(1-p)(1-q)x+(1-p)x。$$

每个期望值都有 5 个加项。前 4 个加项描述了第一天可能发生的 4 个可能事件：教师或者给出一次考试，或者不这样做，并且学生或者预测到那一天有一次考试，或者没有预测到。第五个加项考虑了如果该博弈持续进入到第二天时将发生的事情；这有了一个 $1-p$ 的发生概率，并且可以推导出：教师失去 x，而学生得到 x。如果没有这第五个加项，则对 E（教师）和 E（学生）不是别的，正是对 E（马丽）和 E（唐穆）的表达；正是这第五个加项使意外考试问题不同于猜硬币博弈。以上两个表达式化简为：

$$E(\text{教师}) = px(1-2q)+(1-p)x(2q-2),$$
$$E(\text{学生}) = px(2q-1)+(1-p)x(2-2q)。$$

如果教师指派 $p = (1-p) = 0.5$，则学生的期望效用是 $0.5x$，这是一个不依赖于学生给 q 指派什么值的量。同样，如果学生为 q 选择一个满足 $1-2q=2q-2$（即 $q=0.75$）的值，则教师的期望效用是 $-0.5x$，该期望效用并不依赖于教师给 p 所指派的值。这意味着序对〈教师指派 $p=0.5$，学生指派 $q=0.75$〉形成了一个纳什均衡。

如前所述，当参与者被限制到考虑纯的策略的时候，猜硬币博弈中的深思熟虑是永久地不稳定的，但当参与者使用混合策略的时候则是稳定的。这一点对意外考试问题同样成立。参与者并不永久地改变他们关于做什么的决定；更确切地说，参与的每一方都安定在一个确定的概率策略上。

当学期更长的时候会发生什么呢？接下来分析一学期有 3 天的情况。教师必须给 p_1、p_2 和 p_3 选择值，并且学生必须给 q_1、q_2 和 q_3 选择值（在这里，$p_1+p_2+p_3=q_1+q_2+q_3=1$）。这些是考试发生在第一天、第二天和第三天时，他们分别指派的先验概率。教师的期望效用可以表示如下：

$$E(\text{教师}) = p_1(1-q_1)x+(1-p_1)q_1x-p_1q_1x-(1-p_1)(1-q_1)x$$

$$+ (1-p_1)\frac{1}{(p_2+p_3)(q_2+q_3)}(p_2q_3+p_3q_2-p_2q_2-p_3q_3)\,x-p_3x$$

上式化简得：

$$E(\text{教师}) = (2p_1-1)(1-2q_1)\,x + \frac{1}{q_2+q_3}(p_2-p_3)(q_3-q_2)\,x-p_3x$$

如果学生指派 $q_1=20/32$、$q_2=9/32$、$q_3=3/32$，则 E（教师）$= -0.25x$。为了找到该纳什均衡的另一端，以学生的期望效用开始：

$$E(\text{学生}) = (2p_1-1)(2q_1-1)\,x + \frac{1}{q_2+q_3}(p_3-p_2)(q_3-q_2)\,x+p_3x$$

如果教师指派 $p_1=1/2$ 和 $p_2=p_3=1/4$，则 E（学生）$= 0.25x$。

现在可以比较一下对 2 天一学期的纳什均衡和对 3 天一学期的纳什均衡之间的异同，如表 4.3 所示：

表 4.3

	两天的学期		三天的学期		
	1	2	1	2	3
教师	$p=1/2$	$1-p=1/2$	$p_1=1/2$	$p_2=1/4$	$p_3=1/4$
学生	$q=3/4$	$1-q=1/4$	$q_1=20/32$	$q_2=9/32$	$q_3=3/32$
意外考试的概率	1/8	0	6/32	1/16	0
在考试发生的情况下感到意外的概率	1/4	0	12/32	1/4	0

其中，第三、四行间的不同就是合取概率 Pr（考试发生在第 i 天 $\wedge$ 第 i 天感到意外）与条件概率 Pr（第 i 天感到意外 | 考试发生在第 i 天）之间的不同。注意，考试发生在 3 天一学期中的第二天并且学生对此感到意外的概率通过如下而被估计：确定考试发生在那一天是如何先验可能的（1/4），然后考虑在已知前一天没有发生考试的情况下学生对那一天将不发生考试的后验概率（1/4）。另外，在 2 天一学期和 3 天一学期这两种情况中，如果考试发生在倒数第二天，则学生感到意外的概率是相等的（1/4）。然而在两种情况中，意外考试发生在倒数第二天的概率却是不

同的。

从以上比较中不难看出，在任意学期中，随着学期的展开，一次意外考试的概率逐渐降低。另外，学期越长，将有一次意外考试的概率越高。非常明显，一次意外考试并非不可能。同样注意到，教师和学生都不给发生在最后一天的考试指派一个为 0 的概率。如果教师想给出一次意外考试，则她最好的策略是使用这样一种分布，在这种分布中，存在某种考试将完全不意外的可能性。

谈论相信命题和事件是意外的，当事实分别是有信念的程度和事件意外到一个特定的程度。无可否认，人们经常过分吹毛求疵地去描述给命题所指派的概率；人们经常发现断言那些命题显而易见是完全自然并且简单的。当某人结束了一天的工作而离开工作地点的时候，他对他的工作同伴说"明天见"。而说"明天我将见到你的概率是 0.999"则是令人感到惊讶的。一个计划在一学期（15 周）中给出一次意外考试的教师正在遵循相同的惯例，当她说"本学期将有一次意外考试"的时候，她出错的可能性是很小的，因此，为什么她应该费心地更精确呢？

意外考试问题则表明存在这样一种情境，在其中，离开一种更精确的数量形式表达能够导入歧途。为了看到为什么，这里首先以一分为二的范畴的形式表达学生的论证，然后通过描述以数量为基础的现实来更正该论证。这里是在努力表明不会有意外考试将发生当中学生是如何推理的：

> （0）教师将恰好给出一次考试，并且她希望这次考试是意外的；
> （1）如果教师在最后一天给出考试，则这次考试就不是意外的；
> （2）因此，教师将不在最后一天给出考试；
> （3）如果教师在倒数第二天给出考试，则这次考试将不是意外的；
> （4）因此，教师将不在倒数第二天给出考试。

依此类推。以这种方式形式化，则学生的推理在第一步就结束了。前提（0）和（1）为真，但并不能由此得出（2）。正如已经看到的，一个想给出一次意外考试的理性的教师将不会给考试发生在最后一天指派一个为 0 的概率。准确地说，她将把这作为可能性最小的考试日，并且如果该学期足够长，则考试发生在最后一天将是极其不可能的。但（2）过分夸大了从前面两个前提所得出的东西。在该论证中，接下来的一步也是错误的，但是以一种更不寻常的方式。发生在倒数第二天的考试比发生在最后一天的考试更意外。并且一个理性的教师将给倒数第二天作为考试日指派一个比最后一天作为考试日更高的概率。该逆向论证变得越来越错。前面的步骤包含相当适中的对以概率为基础的现实的背离；而后面的步骤则包含更加严重的背离。

教师说自己将给出一次意外考试，教师打算照自己所说的去做，并且她有能力使自己所说的变为真的；因为教师是理性的，所以她将做她说自己将要做的事情。关于教师所说的东西，以及关于教师的目的和理性的核心问题，已经被该问题的公式表达所给出，或者是可能也被当作已知的共识背景假设具体化。一个正在公共知识假设之下对付理性学生的理性教师，只具有使一次意外考试可能性大的能力。因此，在学期开始之前假设教师的宣告为真，而并不是可能性大，这样的假设太强了。

博弈论分析表明，如果学期足够长，则考试将使学生意外的可能性很大。博弈论解释了为什么参与者是理想的（这一点是公共知识）这一假设与教师所说的东西不相容，如果教师的宣告被解释为描述了将要发生什么，而不是可能将会发生什么。以下这一点是明显的，即教师能够保证自己的考试将是意外的，正如她能够简单地选择考试发生的日子。然而，从理性和公共知识的假设可以推导出：教师并不能作出这样的保证。教师所能够做的最好的是更谨慎的事情。

该问题的一种概率表达不但解释了教师的宣告错在哪里，而且也解释了为什么教师的宣告看上去如此无懈可击。这有点类似于忽略有压倒性可能的陈述的概率描述的一种对话习惯。人们习惯于这种简化并不使人们陷入麻烦，并且因此似乎并不对教师的宣告产生怀疑。

博弈论分析给出了另外一种益处。它给出了对学生的逆向归纳论证错在哪里的一种精确的诊断。通过确定两个参与者将要使用的分布，人们能够看到逆向归纳论证是如何随着步骤的重复而退化的。一个概率框架也解释了为什么教师不应该绝对地排除在最后一天给出考试，即使她知道考试发生在最后一天将是完全不意外的。最后，博弈论形式表达给出了这种分布过程本身的一个模型，该分布过程削弱了如下印象，即理性参与者必须被诱骗入一个正在不断改变的推理链条中。如果参与者只考虑纯的策略，则这是真的；然而，如果他们擅自取用概率，则分布能够稳定化，正如在猜硬币博弈中那样。

第五节　解悖方案审思

根据第二章所论述的广义知道者悖论与狭义知道者悖论之间的关系可知，所有解决狭义知道者悖论的方案，同时也自然是解决广义知道者悖论的方案。因此，本章前面几节专门探讨广义知道者悖论独特的解决方案。模糊性方案的提出使得广义知道者悖论与模糊悖论之间的密切联系清晰起来。但我们认为至少威廉姆森的不确定知识方案并不是一种好的解悖方案。

另外，第三章对狭义知道者悖论所得出的如下结论对于广义知道者悖论同样成立：解悖发展的趋势是从语境迟钝到语境敏感。而本章前述所探讨的博弈论方案，本质上就是一种语境敏感方案。

一、对模糊性方案的质疑

尽管威廉姆森认为广义知道者悖论与自己所提出的瞥悖论是同构的，但我们认为，两者之间实际上存在重大差异。在广义知道者悖论中，考试是被教师在正式场合公开宣告为意外的，正是这一事实支持逆向归纳得出不存在这样一次考试的结论；而在瞥悖论中，学生是通过在远处瞥这样的方式而获得对考试日期的知识的，因此他们仅仅是不能找到考试发生的具体日子在日历上的确定位置。显然，这是两种不同的获得知识的方式，正是这种不同导致了所得到的知识有着重大差别。与前述威廉姆森思想实验中的曼谷女士所获得的关于树的高度的知识类似，由于所处情境以及视力限制等原因，学生通过"瞥"而获得的对考试日子的知识具有威廉姆森所谓的不确定性。而在广义知道者悖论中，学生的知识是通过教师在课堂公开宣告这种方式获得的。一般来说，教师在课堂这样的正式场合说的话是值得相信的，并且学生也都是正常的认知主体，他们的听觉能力足以保证他们听到并理解教师所说的话。这足以保证学生在这里所获得的知识是确定的，或者至少可以认为不具有威廉姆森意义上的不确定性。事实上，我们的大多数知识是通过如同广义知道者悖论当中的方式习得的。这是广义知道者悖论与瞥悖论之间存在着的不可忽视的重大差别。

如前所述，威廉姆森的反 KK 论证依赖许多前提假设，其中核心的一条是容错边界规则。在他看来，我们的大多数知识是不确定的，就如同曼谷女士对树的高度的认知以及在瞥悖论中学生所获得的关于考试日期的知识那样。威廉姆森所称的不确定知识（或者至少是他例子中的不确定知识）从本质上说是通过感观或直觉直接获得的知觉知识。这种不确定性来源于我们感觉器官的限制。我们仅仅是通过"看"这样一种方式去估计一棵树的高度，而不是去测量这棵树的确切高度。例如，我们很容易想象如下场景：某一天晚上，当哲学家张三完成了一篇论文的时候，他觉得非常放松。于是，他决定喝一杯二锅头。但他突然想起自己有高血压，医生建议他控制饮酒量。于是他决定只喝 7 毫升。然而不幸的是，在杯子的 0 毫升与 7 毫升之间没有标刻度。于是他不得不将二锅头倒入杯中，使得酒位于 0 至 10 毫升刻度之间，并且接近 10 毫升的位置。他估计所倒入的二锅头就是 7 毫升。在该情境当中，关于二锅头的量的知识也是不确定的，正如曼谷女士关于树的高度的知识那样。事实上，感官并不限于视觉的情况，还包括触觉、听觉等。例如，李四感觉今天有点冷，于是，根据昨天的气温是 50 华氏度，她估计今天的气温是 45 华氏度。现在，李四关于今天气温的估计也具有威廉姆森意义上的不确定性。在这两个场景当中，也能够以相同的方式建构与曼谷女士情境类似的归谬论证。然而，广义知道者悖论当中知识的获取方式却大不相同。

大多数人类知识是以其他方式获得的。例如，如果我们想知道树的高度，我们可以用尺子直接量或者通过其他科学方法测量。尽管使用这些方法也存在误差，但与来自不确定知识的误差相比，是可以忽略的。对于其他知识的例子，我们很大一部分知识来源于教师在课堂上的公开宣告，就如同广义知道者悖论中那样。因此，很难说大多数知识是不确定的。至少大多数科学知识和在课堂上获得的知识并不是如同威廉姆森所认为的那样不确定。

实际上大多数知识是确定的。当然，这并不意味着不确定知识或者通过感官获得的知识是没有用的。我们只是强调了广义知道者悖论中的知识与瞥悖论中的知识之间的显著差别，而这种差别对于威廉姆森的反 KK 论证是至关重要的。严格说来，威廉姆森论证的是，KK 规则仅仅在不确定知识的情境当中是不成立的。威廉姆森的不确定知识就是知觉知识。因此，从威廉姆森的论证当中我们只能得出 KK 规则对知觉知识不成立，而非对大多数其他种类的知识不成立。

上述论证表明，曼谷女士的情境与瞥悖论之间的同构关系是成立的，但瞥悖论与广义知道者悖论之间的同构关系却并不成立。因而，即使承认威廉姆森的反 KK 论证，即使承认该论证可以解决瞥悖论，也并不意味着通过该论证可以解决广义知道者悖论。也就是说，作为威廉姆森反 KK 论证的重要组成部分的这一应用难以成立，这无疑大大削弱了该论证的说服力。

一般来说，知识是否具有确定性是一个复杂的问题，与获得知识的方式以及接受知识的主体的能力等诸多因素相关。威廉姆森试图通过解决广义知道者悖论来进一步加强其反 KK 论证的说服力。然而恰恰相反，本书前述论证表明，正是从广义知道者悖论与威廉姆森提出的与其反 KK 论证的思想实验同构的瞽悖论的对比中，反映出了确定知识与不确定知识之间的根本性差别。本书已经论证了大多数知识是确定的。这表明威廉姆森所提出的反 KK 论证的这一应用恰恰对其"不确定性"的知识观构成了一种反驳。因此，威廉姆森的方案并不成功。

二、博弈论方案是语境敏感方案

沙普首先提出了广义知道者悖论中所包含的博弈论思想，即教师的选择依赖于自己对学生的预测的信念，而这又反过来依赖于学生对教师的选择的信念。而卡格则在此基础之上进一步假设广义知道者悖论中包含着理性主体以及公共知识的假设，从而真正将该悖论"翻译"到了一种博弈论语言中。

真正采用博弈论思想进行合理分析的是索伯所提出的方案。博弈论的思想和分析方法较为恰当地揭示并刻画出广义知道者悖论中所包含的关于认知主体的意图和行动的成分，从而可以使该悖论与另一类语用悖论——合理行动悖论建立起一种更加紧密的联系。而笔者认为索伯的最大创新之处在于其引入了贝叶斯理论进行分析。其合理之处在于合理地刻画出随着时间的推移，学生对考试发生在每一天的主观概率也在变化，这里时间的推移完全可以合理地理解为语境的变化。因此，在这个意义上可以说博弈论方案是一种语境敏感方案。

当然，引入博弈论思想之后，也会产生某种问题，比如，究竟应该把广义知道者悖论理解为哪种博弈模型呢？例如，有人就认为，广义知道者悖论可以有四种不同的理解，因而可以用四种不同的博弈形式来表达[①]：

博弈形式 1：在第 1 天教师可以给出一次考试（E）或者不给（NE），并且学生可以预测考试（A）或者预测不考试（NA）。只有当教师选择 NE 并且学生选择 NA 的时候该博弈才到达第 2 天。在第 2 天，教师必须给出一次考试，并且与第 1 天的情况一样，学生可以预

---

① Ferreira J. L. and Bonilla J. Z., "The Surprise Exam Paradox, Rationality, and Pragmatics: A Simple Game-Theoretic Analysis", *Journal of Economic Methodology*, No.15, 2008: 285–299.

测考试（A）或者预测不考试（NA）。博弈结束。

博弈形式 2：在第 1 天教师可以给出一次考试（E）或者不给
（NE），并且学生可以预测考试（A）或者预测不考试（NA）。只有
当教师选择 NE 并且学生选择 NA 的时候该博弈才到达第 2 天。在第
2 天，教师可以给出一次考试（E）或者不给（NE），并且与第 1 天
的情况一样，学生可以预测考试（A）或者预测不考试（NA）。博弈
结束。

博弈形式 3：在第 1 天教师可以给出一次考试（E）或者不给
（NE），并且学生可以预测考试（A）或者预测不考试（NA）。如果教
师选择 NE 那么博弈到达第 2 天。在第 2 天，教师必须给出一次考试，
并且与第 1 天的情况一样，学生可以预测考试（A）或者预测不考试
（NA）。博弈结束。

博弈形式 4：在第 1 天教师可以给出一次考试（E）或者不给
（NE），并且学生可以预测考试（A）或者预测不考试（NA）。如果教
师选择 NE 那么博弈到达第 2 天。在第 2 天，教师可以给出一次考试
（E）或者不给（NE），并且与第 1 天的情况一样，学生可以预测考试
（A）或者预测不考试（NA）。博弈结束。

上述博弈的收益分别符合如下不等式（其中，u_T 表示教师的收益，
而 u_S 则表示学生的收益）：

（1）$u_T(E, NA) > \max\{u_T(E, A), u_T(NE, A), u_T(NE, NA)\}$；

（2）$u_T(E, A) < \min\{u_T(E, NA), u_T(NE, A), u_T(NE, NA)\}$；

（3）$u_S(E, A) > \max\{u_S(E, NA), u_S(NE, A), u_S(NE, NA)\}$；

（4）$u_S(E, NA) < \min\{u_S(E, A), u_S(NE, A), u_S(NE, NA)\}$。

上述收益不等式表示：如果教师给出考试但学生没有预测到，那么教师将
获得最高的收益；如果教师给出考试并且学生预测到了，那么教师将获得
最低的收益；学生的收益情况恰好与教师的相反。值得注意的是，这里的
博弈形式 3 就是索伯的分析所用的博弈模型，只是收益有所不同。冯瑞和
包尼拉最后得出结论说，这四种形式的博弈都只有混合策略纳什均衡，满
足教师宣告的条件的考试发生的概率都大于 0。

尽管如此，纵观悖论研究的历史不难发现，有影响力的解悖方案的提
出往往需要引入新理论、新工具或者新方法。例如，当今关于集合论悖论

解悖度最高的方案是公理化集合论方案，即用新的集合理论去替代原有的理论。而情境语义学的出现则给说谎者悖论这一千古难题的解决提供了强有力的工具。前面的分析与考察已经显示出了博弈论分析在广义知道者悖论研究中的强大功能。所以，本书认为博弈论这一被证明十分有用的社会科学方法论的应用给广义知道者悖论的研究带来了曙光。不仅如此，博弈分析方法还可以将广义知道者悖论的研究与混沌理论等新科学理论结合起来，采用仿真模拟等先进技术进一步深入揭示该悖论的复杂性质。因此，有理由相信博弈论路径将是广义知道者悖论研究未来发展的主要趋势。

第五章　知道者悖论的多维关涉

悖论的重大研究价值主要在于其方法论层面。悖论之"悖"在于从某些"公认正确的背景知识"，经由"严密无误的逻辑推导"，最终却出人意料地得到了"两个矛盾语句相互推出的矛盾等价式"。矛盾为作为理性人的不可容忍性在方法论意义上为理论、甚至科学的发展及创新提供了难得的契机。

知道者悖论本质地涉及"知识"概念、哥德尔定理等哲学与逻辑领域内的一系列重大问题。本章探究知道者悖论研究与相关逻辑与哲学重大问题之间的深层次关联，以彰显悖论研究的方法论功能。

第一节　知道者悖论与认识论

认识论（Epistemology）又称知识论（Theory of Knowledge），是哲学研究的核心领域之一，其任务是澄清"知识"这一概念，包含如下这样一些基本问题：什么是知识？知识是如何起源的？知识有哪些性质？为什么具有这些知识？知识的限度是什么？什么样的东西可以成为知识？等等。另外，由于对知识的表达还需要理性信念、证成概率、似然性（probability）、明显性（evidentiation）等概念，所以它们也自然是认识论的研究对象。总的来说，认识论所研究的两大核心问题是：知识的本性是什么，以及如何获得知识。对于前一个问题，实际上就是找出构成知识的充分条件和必要条件。而对于后一个问题，是要找到确证知识的规则。

如前所述，知道者悖论就是关于"知识"这一认识论的核心概念的悖论，也就是说其由以导出的公认正确的背景知识就是认识论中的理论或者规则。由此可见，知道者悖论实际上就是对现有认识论提出的挑战。

一、知道者悖论与知识定义

认识论的基本原则之一就是所谓的"知蕴涵真"原则（即 $K_i\varphi \to \varphi$），这是认识论中通常所认为的知识的性质。这一性质为经典知识概念所蕴涵。对什么是知识的问题，哲学家们在相当长时期内具有几乎一致的看法，这种看法源于古希腊哲学家柏拉图，认为知识就是证成了的真信念，这就是经典知识概念，这种对知识的定义似乎是无可争议的。然而，盖提尔在1963年发表《可辩护的真信念是知识吗》一文[①]，通过两个反例令人信服地证明了有些证成了的真信念尚不构成知识，也就是说证成了的真信念还不是构成知识的充分条件。由此引起了哲学家们对经典知识概念的怀疑，并就此问题展开了一系列讨论，极大地加深了人们对知识的本质问题的认识。这就是著名的"盖提尔问题"。简言之，盖提尔问题就是知识的定义问题。如果原则 $K_i\varphi \to \varphi$ 不成立，即由知识不能推出为真，那么这就意味着证成了的真信念不能构成知识的必要条件。这样，就从另一个方向对经典知识定义提出了挑战。这个挑战比盖提尔问题更为严重。这是因为，盖提尔问题及由此引出的一系列研究所表明的只是，证成了的真信念不能构成知识的充分条件，但仍然承认这一条件是知识的必要条件（也可以说是知识的性质）。也就是说，由某事物是为真的信念并且可以得到证成，并不能够推出它就是知识，这只是对判断与识别知识的方法的否定。而原则 $K_i\varphi \to \varphi$ 不成立则意味着知识不具有"为真"这样的性质，这里所否定的是人们通常对知识性质（信念＝为真＋证成）的基本认识。试想，如果知识实际上连这条高度符合直觉的基本性质都没有，那么对"知识"这一概念的认识还剩下什么呢？以上分析表明，认识论原则 $K_i\varphi \to \varphi$ 与盖提尔问题实际上是一个问题的两个方面。如果知道者悖论构成对原则 $K_i\varphi \to \varphi$ 的否定，那么与盖提尔问题合在一起，就将从根本上挑战经典知识定义。

从知道者悖论研究的发展趋势来看，认识论正在朝着形式化的方向发展，也就是说用现代逻辑以及概率论等工具对知识进行更为严格而精确地刻画。如前所述，克洛斯认为认知主体实际所使用的知识概念，并不是哲学探讨中的知识概念，而是他所谓的"异化知识"，即 $K(x) =_{df} \exists y (K(y) \wedge I(y, x))$。这里的 y 实际上是 x 作为"知识"的理由，或者说就是"证成"。而迪恩和科克瓦直接将知识定义为：$K(\ulcorner \varphi \urcorner) =_{df} (\exists x) x{:}\varphi$。这两种处理方法在本质上是相通的，即将知识这一概念打开，试图通过描述"辩护"来刻画"知识"的内部结构，以此来深化对这一概念的认识。这种思路显然是正确的。例如，考察如下众所周知的有效推理：所有的人都是会死的，苏格拉底是人，所以苏格拉底是会死的。然而如果从命题逻辑

① Gettier E. L., "Is Justified True Belief Knowledge", *Analysis*, No.23, 1963: 121–123.

的角度考虑，该推理的形式是 $p \wedge q \rightarrow r$，这显然是一个无效的推理形式。所以我们要通过三段论理论将命题打开，进一步分析其内部结构，才能作出准确的判断。对"知识"这一概念的分析也应该是如此。

二、知道者悖论与认知封闭

认识论中另一个重要规则是认知封闭规则。大多数人认为人们总是能够通过接受被人们知道的事物所逻辑地蕴含的事物，从而扩充人们的知识。也就是说知道的事物的集合在逻辑蕴含下是封闭的，这意味着人们知道一个已知断言为真，并且因此而接受它，这是从人们所知道的东西中推导出来的。

认知封闭规则表达出了人的一种理性的能力，正是由于具有了这种能力，人们才能够通过抽象的理论学习而获得知识，这就是哲学家们支持该规则的主要原因。然而同时也可以看到，认知封闭规则在某种意义上表达了一种"逻辑全能"，又有过强之嫌，于是人们对它提出了质疑。反对认知封闭规则的论证大致来自以下四个方面：其一是来自知识的跟踪分析的论证，支持这种论证的人认为，对知识的正确分析应该包含一个追踪条件，而追踪条件要求知识不是封闭的。其二是来自知识模式的非封闭的论证，在持这种观点的人看来，由于获得、保存以及扩充知识的模式，例如理解、实证、证明等，各自都不是封闭的，所以知识也不应该是封闭的。第三方面是来自不可知命题的论证，已知存在特定种类的命题不能被知道，如果认知封闭规则成立，则这些命题就能够通过从已经知道的平凡的断言中演绎出来而被知道，因此知识不是封闭的。最后一方面的论证来自怀疑论，一般认为怀疑论是错误的，但如果知识是封闭的，则怀疑论就为真，因此在否定怀疑论的前提之下，知识不是封闭的。[①]

在质疑面前，认知封闭规则的支持者们又提出了许多弱化形式，试图通过这种方法来回应这些质疑。认知封闭规则的弱化形式主要包括：[②]

K1. $\Box$ $\forall \varphi \forall \phi (K\varphi \wedge (\varphi \rightarrow \phi) \rightarrow K\phi)$;

K2. $\Box$ $\forall \varphi \forall \phi (K\varphi \wedge B(\varphi \rightarrow \phi) \rightarrow K\phi)$;

[①] 对这些论证的详细阐述参见 Luper S., "The Epistemic Closure Principle", Stanford Encyclopedia of Philosophy(Fall 2012 Edition), Edward N. Zalta(eds.), URL = <http://plato.stanford.edu/archives/fall2012/entries/closure-epistemic/>.

[②] Cf. Hales S. D., "Epistemic Closure Principles", *The Southern Journal of Philosophy*, No. 33, 1995: 185–201.

K3. $\Box\ \forall\varphi\forall\phi(K\varphi\wedge J(\varphi\to\phi)\to K\phi)$[①]；

K4. $\Box\ \forall\varphi\forall\phi(K\varphi\wedge K(\varphi\to\phi)\to K\phi)$；

K5. $\Box\ \forall\varphi\forall\phi(K\varphi\wedge K(\varphi\to\phi)\wedge B\phi\to K\phi)$；

K6. $\Box\ \forall\varphi\forall\phi(K\varphi\wedge K(\varphi\to\phi)\wedge B\varphi\wedge B\phi$ 基于 $B\varphi$ 和 $B(\varphi\to\phi)\to K\phi)$；

J1. $\Box\ \forall\varphi\forall\phi(J\varphi\wedge(\varphi\to\phi)\to J\phi)$；

J2. $\Box\ \forall\varphi\forall\phi(J\varphi\wedge B(\varphi\to\phi)\to J\phi)$；

J3. $\Box\ \forall\varphi\forall\phi(J\varphi\wedge J(\varphi\to\phi)\to J\phi)$。

即使如此，人们也还是认为它们有过强之嫌。因此，到目前为止，哲学家们并没有就认知封闭规则是否合理这一问题达成一致。

实际上，对认知封闭规则最为有力的质疑是知道者悖论。知道者悖论由以导出的背景知识中的规则 $I({}^{\ulcorner}\varphi{}^{\urcorner},{}^{\ulcorner}\phi{}^{\urcorner})\wedge K_i({}^{\ulcorner}\varphi{}^{\urcorner})\to K_i({}^{\ulcorner}\phi{}^{\urcorner})$ 实际上就是认知封闭的一种表现形式。马瑞岑（S. Maritzen）所提出的解决知道者悖论的方案就是去拒斥规则 $I({}^{\ulcorner}\varphi{}^{\urcorner},{}^{\ulcorner}\phi{}^{\urcorner})\wedge K_i({}^{\ulcorner}\varphi{}^{\urcorner})\to K_i({}^{\ulcorner}\phi{}^{\urcorner})$，他认为认知封闭规则的上述弱化形式甚至也应该抛弃；但克洛斯却从形式技术层面为认知封闭规则作出了有力的辩护。这些争论充分体现了认知封闭规则与知道者悖论之间深层次的内在关联，对认识论的发展无疑会起到积极的促进作用。

实际上，本书所揭示出的用语境敏感方案解决知道者悖论的路线已经为认识论中关于认知封闭规则合理性的争论指明了一条较为合理的解决路线（上述弱化的认知封闭规则的提出实际上是一种语境迟钝路线）。如前所述，安德森解悖方案的实质是将谓词 $I(x,y)$ 改造成一个语境敏感谓词，这样就对规则 $I({}^{\ulcorner}\varphi{}^{\urcorner},{}^{\ulcorner}\phi{}^{\urcorner})\wedge K_i({}^{\ulcorner}\varphi{}^{\urcorner})\to K_i({}^{\ulcorner}\phi{}^{\urcorner})$ 给出了一种合理的限制，而这正是对认知封闭规则的争论的焦点，即合理的认知封闭规则应该表达认知主体的有限理性。

三、知道者悖论与 KK 论题

KK 论题回答如下问题：如果一个人知道 p，那么他知道自己知道 p 吗？在当代，该问题已经成为无论是认识论内部还是外部的核心问题之一。该问题可以被简写为：KK 规则（即 $Kp\to KKp$）是否成立？广义知道者悖论的建构所依赖的背景知识 C_2 实际上就是这条规则。辛迪卡为该

---

① 这里的 $J(\varphi)$ 表示 "φ 是证成了的"，下同。

规则辩护。① 他认为，该规则对于理想的知识概念是成立的。但是，在《知识及其限度》一书中，威廉姆森对该问题给出了否定回答，然后基于此提出了一种解决广义知道者悖论的方案（即上一章所探讨的不确定知识方案），作为其反 KK 论证的应用。最近，格瑞考已经"反击了交流智慧的逆潮流"。②

威廉姆森的论证基于所谓容错边界原则，该规则是威廉姆森关于不确定知识的思想的具体化。《知识及其限度》一书的主要思想是"知识是第一位的"，概而言之就是，知识是比信念更为基础的一种心灵状态。结果是，知识不能够被定义为信念加上其他一些条件。相反，应该通过知识去解释信念。因为所有心灵状态都是不透明的，所以我们不能够知道我们是否处在规定的心灵状态之中。因此，知识本身包含某种"容错边界"。在最近，同豪森与曼格达的讨论当中，斯托纳克提出了一种对容错边界规则的反驳，这可以看作是对威廉姆森反 KK 论证的反驳。③

本书上一章的论证表明，威廉姆森的反 KK 论证是站不住脚的。在这里，我们进一步论证，KK 规则对于先验知识是不成立的。如果是这样的话，就意味着 KK 规则并不总是成立。这里是用实验的方法进行论证的。2011 年秋季学期，在浙江外国语学院和浙江树人大学的逻辑课上，笔者分别向大学一年级与二年级的学生展示了四张卡片，如图 5.1 所示：

$$\boxed{E} \quad \boxed{R} \quad \boxed{4} \quad \boxed{7}$$

图 5.1

然后笔者告诉学生，每张卡片的一面印有一个字母而另一面印有一个数字，并且两面中任意一面向上。笔者也告诉学生有一条适用于这四张卡片的规则：如果一张卡片的一面是一个元音字母，那么这张卡片的另一面是一个偶数。学生的任务是为了确定笔者在说出上述规则时是否说谎，而必须翻看哪些卡片。我们的结果是，作出正确选择的比例分别为 10% 和 6%。这就是著名的"沃森选择任务"（又称"四卡片实验"），最早由彼得

---

① Hintikka J., "'Knowing that One Knows' Reviewed", *Synthese*, No.21, 1970: 141–162.

② Greco D., "Could KK be Ok?", *The Journal of Philosophy*, No.111, 2014: 169–197.

③ Stalnaker R., "On Hawthorne and Margidor on Assertion, Context, and Epistemic Accessibility", *Mind*, No.118, 2009: 399–409.

C・沃森提出[①]。正确答案是选择印有 E 与 7 的卡片，分别对应"肯定前件式"和"否定后件式"这两种有效的演绎推理模式。而选择印有 R 与 4 的卡片，则分别对应"否定前件式"和"肯定后件式"这两种无效的演绎推理模式。多次重复实验得出正确答案的平均比率为 5%—10%[②]。这是一个较低的比率，因为有 60% 的学生选择了 4 这个错误的结论[③]。

　　沃森选择任务最初被用来显示人们经常使用肯定后件式这个无效的推理形式。该实验也能够被当作一个反 KK 论证。为了我们的目的，我们主要关注的是那些作出正确选择的学生，希望了解他们是如何进行选择的。因而实验选择在学生还没有学习过逻辑学课程的时候进行，这就保证了学生并没有演绎逻辑的背景知识。笔者询问了作出正确选择的学生做如此选择的理由，其中有的学生没有说出什么，他们只是随机选择的，也就是说是碰运气选对的，这当然对我们的研究毫无用处。但值得注意的是，有相当一部分作出正确选择的学生给出了非常圆满的理由。其中典型的回答如下："给出的规则是'如果一面是元音字母，那么另一面是偶数'，这样，必须要翻看 E 这张卡片，来看看它的另一面是否是 4，以此去证明该规则的正确性。对于 R，根本无需管它，因为要推理的是元音字母的另一面是否正确的问题，这和 R 根本不相关。对于 4，规则是说'如果一面是元音字母，那么另一面是偶数'，但这并不要求 4 的另一面一定是元音字母。所以，当 4 的另一面翻出来是元音字母时，很好，可以。但是，如果不是元音字母的话，那又怎么样？又没要求检验规则'如果一面是偶数，那么另一面是元音字母'。所以这个 4 翻不翻没有什么用处。对于 7 这张卡片，要是翻开是别的字母也没什么，但如果翻出来是元音字母的话，就证明了元音字母的另一面除了偶数以外还有别的数字的可能性了。"于是很自然就得出结论：要翻看 E 和 7 这两张卡片。注意，学生诚实地告诉笔者自己从来没有学习过关于否定后件式这样的逻辑学知识，而且以前也没有听说过这样的实验，这是第一次接触这样的实验。显然，在学生的回答当中并没有出现"后件"这样的专业术语，更不会出现什么"否定后件式"。这就表明，对于作出正确选择并且给出正确理由的学生来说，他们

①　Cf. Wason P. C., "Reasoning", in Foss B. M.(eds.), *New Horizons in Psychology(Volume 1)*, UK: Penguin Books, 1966: 135–151.

②　Cf. Cummins D. D., "Evidence for the Innateness of Deontic Reasoning", *Mind and Language*, Vol. II, No.2, 1996: 160–190.

③　Cf. Oaksford M. and Chater N., "A Rational Analysis of the Selection Task as Optimal Data Selection", *Psychological Review*, No.101, 1994: 608–631.

是会使用条件推理的否定后件式这样的逻辑知识的，也就是说他们实际上是知道这样的规则的。但他们以前并没有学习过逻辑学知识，在他们的正确的回答当中也没有出现"否定后件式"这样的术语。这就充分表明，他们并不知道自己知道这些知识。也就是说，对于答对并且给出正确理由者来说，他们实际上知道"否定后件式"这一规则，但却并不知道自己知道该规则。如果用"m"表示否定后件式这一规则，"K"表示"知道"，则对于这些学生来说，如下公式成立：$Km \land \neg KKm$。该式在逻辑上等值于$\neg(Km \to KKm)$。这意味着 KK 规则的否定是成立的，也就是说 KK 规则不成立。

对我们所提出的上述论证的一种反驳也许是，这并不意味着作出正确选择并且给出合理理由的学生就知道否定后件式，尽管他们已经在推理当中用了它。换言之，应该区分"知道如何"与"知道什么"。对于该反驳，我们的回应是，在我们的实验当中，作出这样的区分并不是必需的。因为对于否定后件式这样的推理规则，在推理中能够使用就意味着知道它，即使我们不知道该规则的具体内容。因此我们可以说，这些规则从认识论角度来讲是我们的先验知识，从本体论角度来讲是我们的隐性知识。进一步讲，通过学习逻辑学而学会这些推理规则的内容（意思就是我们知道自己知道这些规则），仅仅意味着隐性知识被激活，然后成为本体论意义上的显性知识或者认识论意义上的后验知识。因此，准确地讲，我们的实验表明，KK 规则对于如同传统演绎逻辑推理规则那样的先验知识不成立。

本节的结论是，威廉姆森的反 KK 论证强烈地依赖于容错边界原则，而该规则是威廉姆森关于不确定知识的思想的具体化。对比广义知道者悖论中的知识与曼谷女士思想实验中的知识表明，这两种类型知识之间存在明显的差异：容错边界原则对后者成立，而对前者并不成立。由此可见，威廉姆森解决广义知道者悖论的方案是没有说服力的，该方案削弱了其反 KK 论证。本书所提出的反 KK 论证实验表明，KK 规则并不总成立，例如对于先验知识就不成立。

第二节　知道者悖论与认知逻辑

认知逻辑是研究"知道""相信"等概念的逻辑，其思想起源于亚里士多德。在《前分析篇》和《后分析篇》中，亚里士多德就开始研究认知逻辑的一些基本问题。[①] 到了中世纪，认知逻辑的研究取得了很大的发展。[②] 现代认知逻辑的研究则源自辛迪卡于1962年出版的《知识与信念》[③] 一书。该书开创性地以现代（狭义）模态逻辑的方法将认知逻辑形式化，使之得到了严格刻画，成为当代哲学逻辑研究的重要分支。因此，辛迪卡一般被人们认为是现代认知逻辑的奠基人。

由辛迪卡所开创的现代认知逻辑的研究路线的优点是十分明显的，因为现代模态逻辑从语形和语义两个方面都给出了对"知识"与"信念"的较为合理的解释（以下以"知识"为例进行说明，"信念"的情况类似）。从直观上讲，如果一个认知主体不确定一个特定命题 p 的真假，则该认知主体就必须既认真对待 p 成立的可能性，又认真对待 p 不成立的可能性。这一点可以通过现代模态逻辑所通用的可能世界语义学（即克里普克模型）来严格形式化：在现实世界中，认知主体考虑几个可能世界（这一点可以通过可及关系来刻画），p 在其中的某个可能世界中成立，而在其他可能世界中不成立。于是，从语义方面讲，就可以通过可能世界语义学将"知道"的意义解释为：一个公式 φ 被某个认知主体所知道，如果 φ 在被该认知主体认为可能的所有世界中都成立（在这里，"被认知主体认为可能的所有世界"可以用可能世界语义学中的"可及关系"[④] 表达为对于该主体来说从现实世界可及的所有世界），即：

$$\mathfrak{M}, w \vDash K\varphi,$$ 当且仅当，对所有满足可及关系 $R(w, w')$ 的世界 w'，都有 $\mathfrak{M}, w' \vDash \varphi$ 成立。

---

① Cf. Lenzen W., "Epistemic Logic", in Niiniluoto I., Sintonen M. and Woleński J. (eds.), *Handbook of Epistemology*, Dordrecht: Kluwer Academmic Publisher, 2004: 963–984.

② 对中世纪认知逻辑的研究参见 Boh I., *Epistemic Logic in the Later Middle Ages*, London: Routledge, 1993.

③ Hintikka J., *Knowledge and Belief: An Introduction to the Logic of the Two Notions*, Ithaca: Cornell University Press, 1962.

④ "可及关系"这一概念是可能世界语义学的精髓之所在，当然在认知逻辑中也起着十分重要的作用。在关于知识的克里普克模型中，一般把可及关系认为是一个等值关系，这样做的原因在于，认知主体在一个特定的世界中考虑可能世界的集合，对于每个可能世界来说，该集合中的元素就是全部可能的世界，并且其中的一个就是现实世界（因此，该主体将自己的真实世界考虑为一个可能世界）。然而对于信念来说这种要求太强了。因此对于信念来说是一个较弱的假设，即在关于信念的克里普克模型中，一般把可及关系认为满足欧性、传递性和连续性。

从语形方面看，仿照现代模态逻辑系统的公理所给出的关于知识和信念的公理主要有：

- $K_i(\varphi \to \phi) \to (K_i\varphi \to K_i\phi)$;
- $K_i\varphi \to \varphi$;
- $K_i\varphi \to K_iK_i\varphi$;
- $\neg K_i\varphi \to K_i\neg K_i\varphi$;
- $B_i(\varphi \to \phi) \to (B_i\varphi \to B_i\phi)$;
- $B_i\varphi \to B_iB_i\varphi$;
- $\neg B_i\varphi \to B_i\neg B_i\varphi$。

例如，$K_i\varphi \to \varphi$ 所表达的意思是，如果一个认知主体知道命题 φ，那么该命题就为真，这与柏拉图经典知识定义相符。再如，$B_i\varphi \to B_iB_i\varphi$ 所表达的意思是，如果一个认知主体相信命题 φ，那么该主体就相信自己具有该信念，这也是符合直觉的。

现代认知逻辑将抽象的哲学玄思与具体的实用技术紧密结合，在人工智能、博弈论与信息经济学等领域有着十分广阔的应用，因而越来越受到来自不同领域的人们的共同关注。人工智能的根本目标是试图刻画人类的智能，其基本途径是在一个计算机系统中将人类的智能形式化。而在人类的智能中，"知识"和"信念"显然扮演着十分重要的角色，这就需要对其进行形式化地描述，以便可以通过计算机系统实现。而要做到这一点，现代认知逻辑是公认的非常有力的工具。在博弈论与信息经济学中，认知逻辑被广泛地应用于表达博弈中不同程度的不完美信息。

然而，经典认知逻辑在建立之初就出现了过于理想化的问题，按照经典认知逻辑的刻画，一个认知主体知道他所知道的东西的全部逻辑后承。对于实际中的认知主体来说，这当然是不可思议的，只有全智全能的上帝才具有这种能力（如果上帝存在的话）。这就是认知逻辑研究所面临的瓶颈问题——逻辑全能问题（Logical Omniscience Problem）[1]。逻辑全能有着不同的表现形式，其中最强的是所谓"完全逻辑全能"[2]：

---

[1]　对逻辑全能问题的专题研究参见陈晓华：《逻辑全能问题研究》，南京大学 2008 年博士学位论文。

[2]　Fagin R., Halpern J. Y., Moses Y. and Vardi M. Y., *Reasoning about Knowledge*, Cambridge: The MIT Press, 2003: 335.

一个主体相对于结构类 M 是完全逻辑全能的，如果该主体知道公式集 Γ 中的所有公式，并且 Γ 在 M 下逻辑蕴含 φ，那么他也知道 φ。

逻辑全能的其他主要表现形式还有：

- $\vdash\varphi\Rightarrow\vdash K_i\varphi$；
- $\vdash\varphi\rightarrow\phi\Rightarrow\vdash K_i\varphi\rightarrow K_i\phi$；
- $\vdash\varphi\leftrightarrow\phi\Rightarrow\vdash K_i\varphi\leftrightarrow K_i\phi$；
- $K_i\varphi\wedge K_i(\varphi\rightarrow\phi)\rightarrow K_i\phi$；
- $K_i\varphi\wedge K_i\phi\rightarrow K_i(\varphi\wedge\phi)$。

例如，"$\vdash\varphi\leftrightarrow\phi\Rightarrow\vdash K_i\varphi\leftrightarrow K_i\phi$"表示的意思是：如果 φ 和 ϕ 等值，那么一个认知主体知道 φ 就相当于知道了 ϕ。

认知逻辑与人工智能的目的是想刻画日常合理思维的认知主体，这些主体当然是有限理性的。上述规则显然是高度理想化的。然而，如果完全抛弃它们，则结果所得到的刻画正如亨达克（H. N. Duc）所言，是"逻辑无能"[①] 的，这当然也是人们不希望看到的。于是，逻辑全能问题与逻辑无能问题就将现代认知逻辑推到了一种两难境地中。

逻辑全能问题与知道者悖论有着十分密切的联系。例如上述公式 $K_i\varphi\wedge K_i(\varphi\rightarrow\phi)\rightarrow K_i\phi$ 的意思是：如果认知主体 i 知道 φ，并且知道 φ 逻辑蕴涵 ϕ，那么无论从 φ 到 ϕ 的推导过程多么复杂，无论从 φ 推导出 ϕ 需要花费多长时间，主体 i 都能够知道 ϕ。如前所述，在知道者悖论的推导中使用了公式 $I(\ulcorner\varphi\urcorner,\ulcorner\phi\urcorner)\wedge K_i(\ulcorner\varphi\urcorner)\rightarrow K_i(\ulcorner\phi\urcorner)$，两者的区别仅仅在于蕴涵式前件的形式，前者为 $K_i(\varphi\rightarrow\phi)$，而后者为 $I(\ulcorner\varphi\urcorner,\ulcorner\phi\urcorner)$。$K_i(\varphi\rightarrow\phi)$ 的意思是认知主体 i 知道一个蕴涵式（即 $\varphi\rightarrow\phi$），仅此而已。如前所述，$I(x,y)$ 表示一种缩写，意思是"从 x 可以合乎逻辑地推导出 y"，这里也有逻辑全能的意味。然而，正如安德森所言，即使把 $I(x,y)$ 解释为"认知主体实际上已经从 x 正确地推导出了 y"，知道者悖论也仍然成立[②]。显然，如果一个认知主体知道某个事物，并且实际上已经从该事物正确地推

---

① Duc H. N., "Reasoning about Rarional, but not Logically Omniscient, Agents", *Journal of Logic and Computation*, No.5, 1997: 633–648.

② Anderson C. A., "The Paradox of the Knower", *The Journal of Philosophy*, No.80, 1983: 338–355.

导出了另一个事物，那么只要该主体具有一般的记忆能力和逻辑推理能力，其就应该能够知道后一个事物。因此，这样的解释既可以避免原来解释所带有的某些"全能"成分，又能够避免完全拒斥原则 $I(\ulcorner\varphi\urcorner,\ulcorner\phi\urcorner)\wedge K_i(\ulcorner\varphi\urcorner)\to K_i(\ulcorner\phi\urcorner)$ 所导致的"逻辑无能"，对实际中具有起码理性的认知主体来说，无疑是较为恰当的。也就是说，在安德森的这种解释下，认识论原则 $I(\ulcorner\varphi\urcorner,\ulcorner\phi\urcorner)\wedge K_i(\ulcorner\varphi\urcorner)\to K_i(\ulcorner\phi\urcorner)$ 中不包含"全能"成分，即逻辑全能已经不存在了，而知道者悖论仍然存在。

以上论述表明，知道者悖论的导出所依据的认识论原则 $I(\ulcorner\varphi\urcorner,\ulcorner\phi\urcorner)\wedge K_i(\ulcorner\varphi\urcorner)\to K_i(\ulcorner\phi\urcorner)$ 与导致逻辑全能的原则 $K_i\varphi\wedge K_i(\varphi\to\phi)\to K_i\phi$ 都表达了主体认知能力的封闭性。但从某种意义上说，前者要"强于"后者，这意味着如果原则 $I(\ulcorner\varphi\urcorner,\ulcorner\phi\urcorner)\wedge K_i(\ulcorner\varphi\urcorner)\to K_i(\ulcorner\phi\urcorner)$ 不成立，那么规则 $K_i\varphi\wedge K_i(\varphi\to\phi)\to K_i\phi$ 肯定也不成立。从逻辑悖论的语用学性质看，认识论的三条原则中的每一条在现阶段都是值得怀疑的。因此，如果知道者悖论构成对原则 $I(\ulcorner\varphi\urcorner,\ulcorner\phi\urcorner)\wedge K_i(\ulcorner\varphi\urcorner)\to K_i(\ulcorner\phi\urcorner)$ 的否定，那么对逻辑全能问题的研究无疑将具有非常重要的价值。

本书第三章第一节所述蒙塔古所提出的算子观点给出了探讨知道者悖论与逻辑全能问题之间联系的基本起点。把"知道"的形式刻画由语句谓词转化为语句形成算子，虽然可以避免某些认知悖论，但却无法回避逻辑全能问题。为解决逻辑全能问题而创生的"动态认知逻辑"显然与本书所总结出来的用语境敏感方案解决知道者悖论在本质上是相通的。总之，"逻辑全能与逻辑无能问题是现代逻辑发展向现代哲学提出的一个十分基本的问题，其地位可与传统哲学中的休谟问题相提并论；至少可以说，该问题与一系列语用悖论之间的关系，和休谟问题与一系列归纳悖论之间的关系相类似，因而值得备加关注与深入研讨"[①]。

另外，现代认知逻辑所面临的另外一个难题是所谓"知识的叠置"问题，即前文所述"KK 论题"。在狭义模态逻辑中，S4 系统的特征公理 $\Box\varphi\to\Box\Box\varphi$ 在认知逻辑中的对应者是 $K_i\varphi\to K_iK_i\varphi$。如前所述，广义知道者悖论也本质地涉及了这条规则。前一节所详细探讨的威廉姆森所提出的解决广义知道者悖论的反 KK 方案充分反映了两者之间的密切联系。

也就是说，认知逻辑所面临的上述问题的实质与知道者悖论的实质在本质上是相通的，即如何刻画实际认知主体的有限理性，因而在研究中这两者应该形成一种良性互动的关系。情境语义学提供了认知逻辑研究与知

---

① 张建军：《逻辑悖论研究引论》，南京：南京大学出版社，2002 年，第 256 页。

道者悖论研究之间的这种良性互动的范例：情境语义学最初是为了解决逻辑全能问题而提出的，后来才用于解悖，这充分体现了其作为解悖方案的"非特设性"；对知道者悖论的较为合理的解释，则反过来可为情境语义学作为认知逻辑的一种合理的语义学提供有力的辩护。

综上所述，知道者悖论研究与认知逻辑研究之间有着十分密切的关联。当代认知逻辑发展有两大基本趋势：一是从静态认知逻辑到动态认知逻辑发展，二是从单主体认知逻辑向多主体认知逻辑发展。实际上，这两大发展趋势可以归结为一点：当代认知逻辑研究正从对哲学当中"知识"这一核心概念的形式刻画走向对实际认知主体有限认知能力的表征。根据前述分析不难看出，解决知道者悖论实际上是上述基本趋势的深层次根源，构成了当代认知逻辑发展的原动力。具体而言，当前认知逻辑研究的任务是在解悖导向下对认知逻辑进行修正。图 5.2 较为详细地表明了知道者悖论研究与认知逻辑研究之间的内在关联：

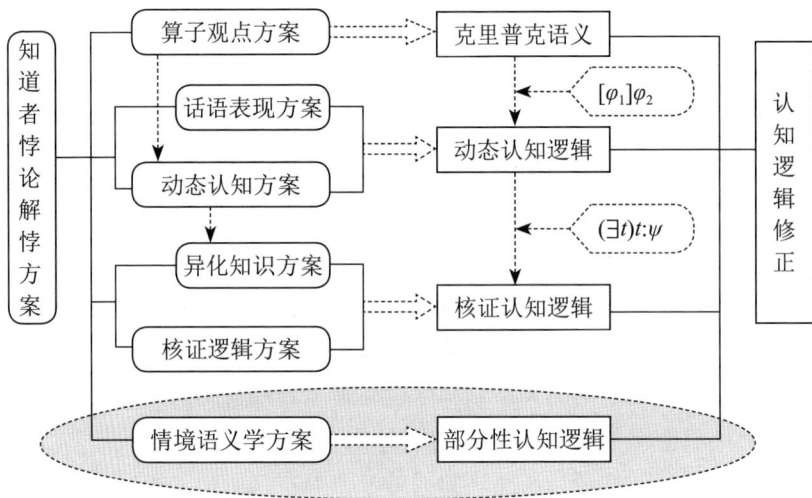

图 5.2

（注：在图 5.2 中，非阴影部分为当前已有的研究，而阴影部分则是根据本书的研究所总结出来的值得进一步研究的内容。）

第三节　知道者悖论与命题态度疑难

罗素将知道、相信、希望、怀疑等具有内容以及意向性的心理状态称为"命题态度"。一个命题态度报道具有如下结构：

"认知主体 + 态度 + 内容"。

例如"李四相信地球绕太阳旋转"。由于心灵、语言与世界之间的相互关系一直以来都是哲学叩问的核心议题之一，而在一个命题态度报道当中恰好包含了这三个要素，因此对命题态度的研究成为当代心灵哲学、语言哲学、逻辑学、形而上学、知识论以及自然语言语义学等领域研究的汇聚点。一套成功的命题态度理论主要是寻求对命题态度报道的合理表征，然而，在建立这样的理论的过程中，遇到了许多疑难。人们在与"命题态度疑难"做斗争的过程，极大地加深了对心灵、语言与世界这三者之间关系的认识。

知道者悖论本身就是诸多命题态度疑难当中最难对付的一个。不仅如此，知道者悖论的研究还进一步加深了人们对命题态度疑难本质的认识。比如，对本书第三章第一节所探讨的解决知道者悖论的算子观点方案的进一步研究就得到了一个新的命题态度疑难。

一、否证者悖论

算子观点有着多层面的重要价值，它得到了很多哲学家的支持。然而其作为知道者悖论的一种经典解决方案，却遭到了美国哲学家、逻辑学家孔斯的强有力质疑。孔斯为反驳算子观点而引入了一个叫作"主观可证"（subjective provability）的新概念，进而为该概念构造出了一个悖论——"否证者悖论"（Disprover Paradox）。孔斯认为，如下五个条件刻画出了"主观可证"概念的基本特征［其中，$P(x)$ 表示"x 是主观可证的"］：

　　（P_1）$P(\ulcorner P(\ulcorner \varphi \urcorner) \to \varphi \urcorner)$；
　　（P_2）$P(\ulcorner \varphi \urcorner) \to P(\ulcorner P(\ulcorner \varphi \urcorner) \urcorner)$；
　　（P_3）$P(\ulcorner \varphi \urcorner)$，若 φ 是一阶逻辑公理；
　　（P_4）$P(\ulcorner \varphi \to \psi \urcorner) \to (P(\ulcorner \varphi \urcorner) \to P(\ulcorner \psi \urcorner))$；
　　（P_5）$P(\ulcorner \varphi \urcorner)$，其中 φ 为形式算术公理。

进而，对任意语句 χ 而言，都可以在形式算术系统 T 中证明 $P(\ulcorner \chi \urcorner)$。首先根据哥德尔自指定理，在形式算术系统 T 中构造合式公式 ε：$\varepsilon \leftrightarrow P(\ulcorner \varepsilon \urcorner)$，然后可以进行如下推导：

　　（1）$\vdash_T \varepsilon \leftrightarrow P(\ulcorner \varepsilon \urcorner)$　　　　　　　　　　　　　定义

（2）$(P(\ulcorner \varepsilon \urcorner) \to \neg \varepsilon) \to \neg \varepsilon$ （1）、命题逻辑

（3）$P(\ulcorner (P(\ulcorner \varepsilon \urcorner) \to \neg \varepsilon) \to \neg \varepsilon \urcorner)$ P_3、P_5 和（2）

（4）$P(\ulcorner P(\ulcorner \neg \varepsilon \urcorner) \to \neg \varepsilon \urcorner)$ P_2

（5）$P(\ulcorner \neg \varepsilon \urcorner)$ （3）、（4）和 P_4

（6）$P(\ulcorner P(\ulcorner \neg \varepsilon \urcorner) \urcorner)$ （5）、P_1

（7）$P(\ulcorner P(\ulcorner \neg \varepsilon \urcorner) \to \varepsilon \urcorner)$ （1）和 P_3、P_5

（8）$P(\ulcorner \varepsilon \urcorner)$ （6）、（7）和 P_4

由（5）、（8）和 P_3、P_4 出发，就可以对任意语句 χ，在 T 中证明 $P(\ulcorner \chi \urcorner)$。当然，这并不表明 T 是不相容的，但如果给该系统添加如下公理：$\neg P(\ulcorner \perp \urcorner)$（这里的"$\perp$"表示一个任意的谬误），则在 T 中可以证明 $P(\ulcorner \perp \urcorner)$。这样就得到了一个实际的矛盾。因而所得到的系统就是不相容的，否证者悖论由此得以严格建构。

实际上，上述形式推导并不是孔斯最先提出的，而是托马森建构"理想相信者悖论"时所使用的推导。也就是说，托马森提出理想相信者悖论的本意在于表明，算子观点不仅可以解决知道者悖论，而且可以解决自己构造出的这一新悖论，从而进一步支持蒙塔古的算子观点解悖方案。然而，出乎托马森意料的是，该悖论实际所起到的作用却与初衷恰恰相反，他的工作为否定算子观点提供了武器。正是基于托马森的理想相信者悖论，孔斯将条件（Ⅰ）—（Ⅴ）重新解释为（P_1）—（P_5），在这种新解释之下所得到的就是"否证者悖论"①。尽管蒙塔古的算子观点可以解决理想相信者悖论，但却无法解决与之同构的否证者悖论，从而构成了这种经典解悖方案的有力反驳。

二、主观可证性概念

以上表明，否证者悖论并不是一个新的形式结论，孔斯的贡献在于对托马森提出理想相信者悖论给出了一种新解释。因此，要理解否证者悖论，关键是理解孔斯在这里所提出的"主观可证性"这一概念。众所周知，"证明"是数学中的一个基本概念。所谓证明是指一个公式序列，该序列中的公式或者是公理，或者是由处在它前面的公式与公理通过推理规则而推导出来的。然而，尽管孔斯在这里所提出的主观可证概念与数学中

---

① Cf. Koons R. C., *Paradoxes of Belief and Strategic Rationality*, Cambridge: Cambridge University Press, 1992: 43–61.

的这种形式证明概念有着千丝万缕的联系，但却是一个与之在本质上大不相同的概念。在数学上得到形式证明的命题或语句相对于数学家而言显然是主观可证的，但主观可证决不仅限于此。

一个语句是主观可证的，当且仅当该语句可以通过自明的有效规则从主观自明的公理中通过有限步骤推导出来。该定义的关键词是"自明"。那么什么样的规则或公理是自明的呢？孔斯对此作了比较详尽的解释。这里所谓"自明性"有如下三个特点：第一，正如弗雷格（G. Frege）所描述的，自明语句是"一般法则，它们自身不需要、也不容许证明"①。当然，这里的自明语句和规则并不一定是分析地为真的，它们是可修正的。某时刻被视作自明的事物（例如欧几里得的平行公设）也许以后会被修正。但是，自明语句必须是一般法则，而不是关于特殊的可观察对象的法则，在它们中既不能包含像"你""我""他"这样的索引词，也不能包含表达情感的词。例如，像"我是……"或者"我愤怒地认为……"等这样的语句显然就不是自明的。也就是说，自明语句的自明性可以为数学家认知共同体中的所有成员所共享。第二，自明语句为真的主观概率必须等于1，或者至少无限趋近于1。这是因为，一个数学定理的理性可信度实际上既不依赖于它由以导出的不同公理的数目，也不依赖于它由以得出的推理步骤的数目。在实际数学思维中，只要同等地排除计算错误，数学家们就能够像信赖那些证明非常短的定理一样信赖证明非常复杂的定理（这些定理依赖于大量的逻辑公理模式的特例，并且由大量的对分离规则和其他推理规则的运用所构成）。这个事实可以通过给公理或者保真推理规则的每一次应用的机会指派一个等于1（或者无限趋近于1）的主观概率而得到合理的理解。第三，自明语句集必须是可以由已知的机械程序判定的。简单地说，这种已知的机械程序就是胜任的数学家，或者如果一个人本身就是数学家，那么直接反思他自己的直觉即可。总之，自明性概念的观点解释了数学证明的确定性。如果自明性自身不被所有胜任的数学家们实际可认识，那么任意对证明的确定性的叙述都将面临任意无限的倒退。这就是孔斯引入"主观可证性"概念的依据。

在恰当地理解了主观可证性概念之后，现在来考察否证者悖论所由以导出的五个前提公理模式的合理性。前提（P_3）和（P_5）的合理性是显而易见的：一阶逻辑和形式算术的公理显然是主观可证的；而（P_4）只不过

---

① Frege G., *Foundations of Arithmetic*, Austin. J. L.(trans.), Evanston: Northwestern University Press, 1978: 4.

是说主观可证的东西的集合在分离规则下是封闭的，这当然也是不可否认的。前提公理模式（P_2）是说，如果某事物是主观可证的，那么这种主观可证性也是主观可证的。因为一个语句是否是给定模式的一个特例，这在皮亚诺算术中是可证的；并且一个语句是否是从两个其他语句通过分离规则而得到，这在皮亚诺算术中也是可证的；所以（P_2）的合理性依赖于是否每个自明语句的自明性都是自明的。实际上，自明语句集由一个已知的机械程序所判定，也就是说考虑足够的数学直觉即可。所以如下假定应该是合理的：对这样的直觉所断定的任意语句，如此断定它是自明的，并且因此，断定该语句是自明的也是自明的。

孔斯所做的主要工作是为前提（P_1）的合理性给出了较为有力的辩护，其基本思路如下：要证明（P_1）的合理性，只需证明如下模式的任意特例都是自明的即可：

$$(P^*) \ P(\ulcorner\varphi\urcorner)\rightarrow\varphi;$$

而要证明模式（P^*）的任意特例都是自明的，只要证明不给（P^*）指派一个等于 1 的主观概率是不理性的即可，换言之也就是证明 $Prob\,(P\,(\ulcorner\varphi\urcorner)\rightarrow\varphi)=1$。由条件概率的定义可知，该式等价于 $Prob\,(\varphi/P\,(\ulcorner\varphi\urcorner))=1$ 或者 $Prob\,(P\,(\ulcorner\varphi\urcorner))=0$。[①] 因此，只要证明 $Prob\,(\varphi/P\,(\ulcorner\varphi\urcorner))=1$ 即可。而要做到这一点，需要证明对任意语句 φ 来说拥有一个在 $P\,(\ulcorner\varphi\urcorner)$ 的条件下不等于 1 的条件概率将是不理性的。由对"主观可证性"概念的理解可知，$P\,(\ulcorner\varphi\urcorner)$ 意味着 $\ulcorner\varphi\urcorner$ 的主观概率等于 1。因此可以将 $Prob\,(\varphi/P\,(\ulcorner\varphi\urcorner))=1$ 重新表述为 $Prob\,(\varphi/Prob\,(\ulcorner\varphi\urcorner)=1)=1$，而该式就是概率论中的"米勒原理"（Miller's Principle）[②]，它是一个被广泛接受的理性条件。

经过这样的辩护之后，孔斯认为他自己确实构造出了一个货真价实的悖论，值得认真对待。另外，孔斯还表明，否证者悖论甚至还有一个更简单的变体，它是直接关于主观自明性的。设 $S\,(x)$ 表示陈述"名称为 x 的语句相对某认知主体是主观自明的"。考虑如下公理：

$$(S_1) \ S(\ulcorner\varphi\urcorner)\rightarrow S(\ulcorner S(\ulcorner\varphi\urcorner)\urcorner),$$

① Cf. Koons R. C., *Paradoxes of Belief and Strategic Rationality*, Cambridge: Cambridge University Press, 1992: 47.

② Cf. Miller D., "A Paradox of Information", *British Journal for the Philosophy of Science*, No.17, 1966: 59–61.

$$（S_2）\neg S（\ulcorner\varphi\urcorner）\rightarrow S（\ulcorner\neg S（\ulcorner\varphi\urcorner）\urcorner），$$

$$（S_3）S（\ulcorner\neg\varphi\urcorner）\rightarrow\neg S（\ulcorner\varphi\urcorner）。$$

再引入名称 $\ulcorner\lambda\urcorner$：$\lambda=\neg S（\ulcorner\lambda\urcorner）$。由此很容易推导出矛盾：假设 λ 是自明的，即 $S（\ulcorner\lambda\urcorner）$。则由公理（$S_1$）得 $S（\ulcorner S（\ulcorner\lambda\urcorner）\urcorner）$；由 $\lambda=\neg S（\ulcorner\lambda\urcorner）$ 得 $S（\ulcorner\neg S（\ulcorner\lambda\urcorner）\urcorner）$，据此再由公理（$S_3$）得 $\neg S（\ulcorner S（\ulcorner\lambda\urcorner）\urcorner）$。这与（$S_1$）推出的结果矛盾。由归谬法得，$\lambda$ 不是自明的，即 $\neg S（\ulcorner\lambda\urcorner）$。这时又由公理（$S_2$）得 $S（\ulcorner\neg S（\ulcorner\lambda\urcorner）\urcorner）$；而 $\lambda=\neg S（\ulcorner\lambda\urcorner）$，所以得 $S（\ulcorner\lambda\urcorner）$，即 λ 是自明的。这与开始相矛盾！

这里的公理模式（S_1）即上面的（P_2）。公理模式（S_2）陈述的是，如果一个语句不是自明的，那么断定它不自明（使用其标准名称）的语句是自明的。以上对（P_2）[同时也是（S_1）]所给出的辩护自然也等值地适用于（S_2）。公理模式（S_3）简单地表明，不存在一个语句和它的否定同时自明的情况。这与断定素朴证明程序是相容的相比是一个弱得多的断言。一个语句看上去自明必须排除其否定也看上去自明。避免明显的矛盾是理性的一个基本条件。因此这三个前提都是合理可接受的。

对于否证者悖论，运用算子观点虽然同样可以消除语形上的矛盾，但这样一来，刻画认知概念的系统的传统语义解释（即可能世界语义学）就讲不通了。这是因为，尽管根据可能世界语义学，将知识的对象刻画为可能世界的集合是可理解的，但按照前述解释的主观可证概念的意义，问一个可能世界集是否是主观可证的，则显然是毫无意义的。因而，算子观点无法处理与知道者悖论和理想相信者悖论同构的否证者悖论。这就构成了对蒙塔古所提出并得到托马森支持的这种解决知道者悖论的经典方案的一种强有力的反驳，这是孔斯构造否证者悖论的一个重要动因。

三、一种新型命题态度疑难

从前述对自明性概念的分析不难看出，主观可证性这一概念中包含着某种相对性因素。这是因为，在某一特定时刻对某个认知主体或者认知共同体是主观自明的事物，对其他认知主体或者认知共同体来说并不必然是自明的，或者甚至在后来的时间里对同样的认知主体或者认知共同体来说也并不必然是自明的。自明性的这种相对性体现了主观可证数学当中的形式证明的本质区别。也就是说，主观可证性是一个语句与一种认知情境或者状态之间的一种关系。"主观可证"总是相对于认知主体而言的，是认知主体的一种有意向性的心理状态。当然，这种心理状态也具有内容，即主观可证的命题或语句。这样看来，孔斯在这里所提出的"主观可证"实际上是一种与知道、相信类似的新型命题态度。因此，否证者悖论实际上是一种新型命题态度疑难。

从前述构造过程不难看出，否证者悖论已经得到了语形与语义上严格的逻辑刻画，因此它进一步属于认知悖论。另外，否证者悖论还有一个显著的特征就是，在构造过程当中使用了自指语句 $\varepsilon: \varepsilon \leftrightarrow P$（'$\varepsilon$'）。这就使得否证者悖论在结构上与知道者悖论进而与说谎者悖论更为相似，换言之，它是一个类说谎者认知悖论。而所谓"类说谎者认知悖论"（Liar-like Epistemic Paradoxes）是指结构上类似说谎者悖论的关于命题态度的自指悖论。所以说，否证者悖论的提出丰富了类说谎者认知悖论家族的范畴，这无疑加深了人们对认知悖论所提出的问题严重性的理解，也为给认知逻辑建立不同于目前通行的可能世界结构的内涵理论的呼吁提供了新的有力支持。

不仅如此，作为一种新型命题态度，"主观可证"是一个极具启发价值的认知概念。众所周知，知识是哲学认识论、当代认知科学以及人工智能领域的一个核心概念，这也是认知悖论广受关注的主要原因。而对知识概念的传统分析遵循所谓柏拉图范式，即所谓知识是"证成了的真信念"（justified true belief）。尽管该范式受到了盖提尔反例[1]的挑战，但"证成""真"与"信念"这三要素作为知识概念的必要条件，实际上已经得到了大多数人的认同。然而在这里，"真"是一个形而上学概念，因而在对知识概念的分析中，尤其是在实际认知过程中，很难判定该条件是否满足。好在知识概念这种"真"是一种证成了的真，而这里的"证成"显然包含着某种相对性因素，"证成"肯定是相对于具体认知主体而言的。显然，根据前述解释，"主观可证"恰恰刻画了"证成了的真"的这种特征。换言之，可以把"命题 φ 相对某个认知主体 i 而言是证成了的真信念"近似地理解为"φ 对 i 是主观可证的"。也就是说，笔者认为"主观可证"可以被当作认知主体在实际当中所使用的"知识"概念的一个近似。这种近似理解的好处在于，将知识概念与数学中的"证明"概念建立起了一种更为紧密的联系，因而在对知识概念的分析中可以引入大量业已成熟的数学理论（例如证明论中的相关理论）作为有力的工具。

总而言之，虽然否证者悖论构成了对知道者悖论典型解悖方案的有力反驳，但却拓展了类说谎者认知悖论的范围，也为寻求更为合理的解悖方案提供了崭新的思路。更为重要的是，"主观可证"这一新型命题态度

---

[1] Cf. Gettier E. L., "Is Justified True Belief Knowledge", *Analysis*, No.23, 1963: 121–123.

概念的提出实际上加深了人们对认知主体在实际当中所使用的"知识"概念的理解，从而为人工智能更进一步精确刻画这种知识概念提供了哲学基础。

第四节　知道者悖论与广义认知悖论

在当代，悖论已经演变成四大基本群落[①]：集合论-数学悖论群落、语义悖论群落、广义认知悖论群落、广义合理行动悖论群落。其中，前两个群落属于经典悖论群落。而广义认知悖论群落和广义合理行动悖论群落则是自 20 世纪中后期以来才异军突起的。前者催生出在认知科学与人工智能前沿发挥了关键作用的"动态认知逻辑"学科群，后者则与以"理性选择"为轴心的当代社会科学方法论进展密切相关。在这两大新型悖论群落当中，广义认知悖论群落是近来自然演化形成的一个规模最大、研究最为兴盛的悖论研究群落，且已逐步取代语义悖论的地位，成为当代悖论研究的"重中之重"。这是因为该群落在整个悖论当中具有特殊的意义：与作为置信现象的所有悖论一样，认知悖论亦居于认知共同体的信念系统之中；但与其他类型悖论不同的是，认知悖论所形成的信念内容本身就是关于信念或置信的，即属于高阶信念或置信，因而广义认知悖论的研究结果必将对整个悖论的认识论与方法论研究产生深刻的影响。

狭义知道者悖论和广义知道者悖论都是广义认知悖论家族中的重要成员。本节通过论证广义认知悖论的内涵和外延来展示狭义知道者悖论在广义认知悖论当中的核心地位。

一、广义认知悖论的内涵

对认知悖论的最早记载出现在《柏拉图对话录》的《美诺篇》中。到了中世纪，布里丹在《关于意义和真理的诡辩》当中提出了一组认知悖论[②]。然而，究竟何谓认知悖论，国内外学界却众说纷纭。当然，认知悖论并不是某一个悖论，而是一系列悖论的总和，这一点是学界共识，但究竟这一系列悖论包含哪些具体成员，却莫衷一是。我们可以从分析汉语形容词"认知的"出发来澄清。一般来说，汉语当中作为形容词的"认

[①] 张建军，王习胜：《论当代悖论研究的基本群落及其整体性发展趋势》，《湖南科技大学学报（社会科学版）》2017 年第 6 期，第 27–35 页。

[②] Buridan J., *Sophisms on Meaning and Truth*, Scott T. K.(trans.), New York: Meredith Publishing Company, 1966: 207–217.

知的"分别对应英语当中的两个词：epistemic 和 cognitive。前者来源于希腊语 episteme，表示知识的意思；而后者的意思是知识在"心智"（mind）当中的发展过程。也就是说，前者强调的是"结果"，是静态的，而后者着重强调的是"过程"，是动态的。前者对应的是哲学知识论，而后者对应的是认知科学。按照以上对"认知"的区分，在汉语当中，认知悖论首先应该包含两大部分：一部分是 epistemic paradoxes，即关于知识概念的悖论，所涉及的是哲学认识论；另一部分是 cognitive paradoxes，即关于知识在心智之中发展过程的悖论，所涉及的是新兴的认知科学。或者通俗地说，所谓认知悖论包含两大类，一是认识论悖论，二是认知科学悖论。

对比张建军对两类"认知逻辑"的区分[①] 可以更好地理解这里对汉语"认知悖论"作出的这种区分。按照这种区分，作为新型逻辑类型的认知逻辑实际上应该分为两大类：一类刻画认识论概念的逻辑系统，另一类是在人类高级思维心理学研究基础上建立起来的逻辑系统。前者又可称为认识论逻辑，所探讨的是作为形成认知这种心智行动产品[②] 的知识概念的规律，而后者探讨的则是这种心智行动本身的规律，这两者之间的区别不应混淆。同理，cognitive paradoxes 所涉及的是求知这种心智行动本身，而 epistemic paradoxes 所涉及的是这种心智行动的产品。对认知悖论的这种区分在国内外学界并不清楚。《斯坦福哲学百科全书》当中有 epistemic paradoxes 这一词条，其中所列出的就是关于知识概念的悖论，即以上分类中的第一类认知悖论[③]。在《悖论辞典》当中亦出现了 epistemic paradoxes[④]，但所列出的成员既包括本文前述区分的认识论悖论，又包括与认知科学相关的悖论，还包括普通的认知疑难。另外，在国际学界还有 paradox of knowledge 这一术语，其所指涉的是关于知识概念的一些哲学难题，并不仅仅限于悖论[⑤]，这一点与陈波在《悖论研究》一书当中对认知

---

① 参见张建军：《走向一种层级分明的"大逻辑观"——"逻辑观"两大论争的回顾与反思》，《学术月刊》2011 年第 11 期，第 38–47 页；张建军：《论当代"应用逻辑"学科群的崛起》，载张建军著：在逻辑与哲学之间，中国社会科学出版社 2013 年版，第 245–253 页。

② 关于心智行动，参见张建军：《逻辑行动主义方法论发凡》，载张建军著：《当代逻辑哲学前沿问题研究》，人民出版社 2014 年版，第 593–615 页。

③ Sorensen R. A., "Epistemic Paradoxes", *Stanford Encyclopedia of Philosophy*(Spring 2022 Edition), Edward N. Zalta(eds.), URL=<https://plato.stanford.edu/archives/spr2022/entries/epistemic-paradoxes/>.

④ Erickson G. W. and Fossa J. A., *Dictionary of Paradox*, Maryland: University Press of America, 1998: 61.

⑤ Ibid: 37.

悖论的界说类似[1]。

在已有文献当中,《悖论辞典》中出现过 the paradox of cognition 这一词条,这一所谓悖论来自斯莫伦斯基(P. Smolensky)对福多(J. A. Fodor)与佩里斯(Z. W. Pylyshyn)的理论的批判:对于联结主义来说,"在试图描述认知法则的时候,我们被引向两个不同的方向:当我们把注意力集中在支配高阶认知能力的规则上时,我们被引向了结构化的符号表征与过程;当我们把注意力聚焦于实际智能偏好的变化且复杂的细节时,我们被引向统计的、数字的描述"[2]。由于联结主义是认知科学的理论之一,所以确切地说,上述悖论只能说是认知科学悖论(the paradox of cognitive science),而并不是前文所做区分意义上的第二类认知悖论。

综上所述,从"认知"的角度分析,"广义认知悖论"中的"认知悖论"应该是指 epistemic paradoxes,确切地说是认识论悖论。认识论是哲学中的传统问题,这也就解释了认知悖论历史悠久的原因。认识论的核心概念当然是知识,而柏拉图经典知识定义把知识的临近属概念归结为信念。这一定义虽然受到了盖提尔的挑战[3],但这种挑战只是对充分性的挑战,而不是对必要性的挑战,因此并没有挑战到信念作为知识的临近属概念。另外,威廉姆森提出"知识第一位"的观点,将知识看作是比信念更为基础的概念[4],但他同时将知识作为一种心智状态,实际上这只是弱化了知识与信念之间的区别,因此,我们认为这依然不影响信念是认识论当中与知识同等重要的概念。所以,更确切地说,从"认知"的角度分析,广义认知悖论是指关于知识和信念的悖论。

以上是从"认知"角度的澄清。要想搞清楚究竟何谓广义认知悖论,还需要搞清楚广义与狭义的区别。可以从"悖论"的角度做进一步分析而彻底澄清这一问题。

具体到认知悖论,本文前一部分已经澄清了,它是关于哲学认识论的悖论,因此,根据本书第一章对悖论的澄清,广义认知悖论确切地包含两部分:一部分是狭义认知悖论,其要素(i)是日常进行合理思维的正常人关于知识与信念概念的公共信念;另一部分是哲学认知悖论,其要素

[1] 陈波:《悖论研究》,北京:北京大学出版社,2014 年,第 214–285 页。

[2] Smolensky P., "The Constituent Structure of Connectionist Mental States: A Reply to Fodor and Pylyshyn", *Southern Journal of Philosophy*, No.26, 1987: 138.

[3] Gettier E. L., "Is Justified True Belief Knowledge", *Analysis*, No.23, 1963: 121–123.

[4] Williamson T., *Knowledge and Its Limits*, Oxford: Oxford University Press, 2000: 65–92.

（i）是特定哲学家共同体关于知识与信念概念的公共信念。也就是说，在本文所认同的悖论定义之下，广义认知悖论 = 狭义认知悖论 + 哲学认知悖论。显然，狭义认知悖论和广义认知悖论是"包含于"关系。

二、广义认知悖论的外延

以上我们从悖论的定义出发，进一步明确了狭义认知悖论与广义认知悖论各自的内涵，以及两者之间的关系。接下来要搞清楚的就是它们的外延了。狭义认知悖论的典型代表就是狭义知道者悖论。

哲学认知悖论的典型代表是彩票悖论。该悖论涉及哲学家们对信念概念的理解。传统上，哲学家们对信念的理解是这样的，对于一个命题 p 来说，我们要么相信它，要么不相信它，要么对它处于无知状态。然而，20世纪80年代末兴起的贝叶斯主义则把信念理解为一种心智状态，通过引入信念度的思想，将对 p 的信念理解为 p 的主观概率。于是，我们不再说相信 p 或者不相信 p，而是说以某种程度（也就是某个概率）相信 p。比如说，我以 0.89 的信念度相信明天下雨。这种对信念的理解背后的直觉也是很显而易见的：我们相信某些事情比相信另外一些事情更坚定。比如，我们相信 2+2=4，我们也相信目前火星上没有生命。但显然我们对前者的相信程度大于后者。目前，这两大类处理信念的方式各有优缺点，它们都得到了哲学家们的认可。当然，这两种处理方式之间是有联系的，粗略地看，如果我们对 p 的信念度是 0，那么就意味着我们不相信 p，而如果我们对 p 的信念度为 1，则表明我们相信 p。弗莱（R. Foley）则以一种更精确的表述给出了两者之间的关系：相信一个命题 p，当且仅当对 p 的主观概率（或者信念度）大于某个特定的值 t（用公式表示为 $Bp \leftrightarrow Pp > t$）[①]。这一思想来源于洛克（J. Locke）[②]，因此这种精确表述被称为"洛克定理"。哲学家们基本公认的是，这里 t 的值最小应该是 0.5。另外，以下两条关于信念的规则也被哲学家们广为接受。一是所谓"理性信念的聚合原则"：从分别相信若干个命题可以合乎逻辑地推导出相信这些命题的合取命题，即从 $Bp_1 \wedge Bp_2 \wedge Bp_3 \wedge \cdots \wedge Bp_n$ 可以合乎逻辑地推出 $B(p_1 \wedge p_2 \wedge p_3 \wedge \cdots \wedge p_n)$；二是相容性原则：理性认知主体的信念集是相容的，即 $\neg(Bp \wedge B \neg p)$。

① Foley R., "The Epistemology of Belief and the Epistemology of Degrees of Belief", *American Philosophical Quarterly*, No.29, 1992: 111–124.

② Locke J., *An Essay Concerning Human Understanding*, Woolhouse R.(eds.), London: Penguin Group, 1997: 577–590.

彩票悖论是凯博格（H. Kyburg）于 1961 年发现的 [①]：假设在一次有 1000000 张彩票的公平抽彩活动中有且只有 1 张彩票中奖。根据无差别原则，每张彩票中奖的概率只有 1/1000000。例如，第 21 张彩票中奖的概率只有 1/1000000。相应地，根据概率演算的析取规则，第 21 张彩票不中奖的概率高达 0.999999。根据上述洛克定理（这里的 $t=0.999999$），我们相信：第 21 张彩票不中奖。同理可得，我们相信：第 i 张彩票不会中奖（$1 \leqslant i \leqslant 1000000$）。运用上述理性信念的聚合原则可得，我们相信：所有彩票都不会中奖。而根据前提，我们相信：至少有一张彩票中奖（逻辑上等值于：并非所有彩票都不会中奖）。而这与前述相容性原则显然是矛盾的。显然，根据我们所认同的悖论定义，这里也是从"特定认知共同体的公共信念"出发，经由严密无误的逻辑推导，最终得到了矛盾。与前述知道者悖论不同的是，这里的"特定认知共同体"是从事认识论相关研究的哲学家们，而不是日常进行合理思维的正常人。也就是说，只有一部分人将洛克定理、理性信念的聚合原则、相容性原则以及概率理论中的无差别原则和析取规则认为理所当然。这就是狭义认知悖论与哲学认知悖论之间的差别所在。

由本书前述论证可知，广义知道者悖论也是狭义认知悖论的重要成员，而且从时间顺序上看，它是第一个得到严格建构的广义认知悖论。同理可知，前述相信者悖论亦是狭义认知悖论的成员。需要区分的是，虽然相信者悖论与彩票悖论都是关于信念的，但后者所依赖的背景知识（比如洛克定理）之公认范围仅限于特定的哲学家，而前者则更广泛，故而前者属于狭义认知悖论，而后者则属于哲学认知悖论。除此之外，前述理想相信者悖论与否证者悖论也是狭义认知悖论的成员。值得注意的是，狭义认知悖论有一个共同的特点，那就是在构造过程当中都用到了形式为 $q \leftrightarrow \mathfrak{b}(q)$ 的语句，类似于说谎者语句，因而它们与说谎者悖论同构，所以又被称为"类说谎者认知悖论"。

在哲学认知悖论的范围内，除彩票悖论之外，与之密切关联的"序言悖论"（Preface Paradox）是又一重要成员，它表明，即使不诉诸洛克定理，只根据理性信念的聚合原则就可以推导出矛盾 [②]。如前所述，彩票悖论的建构所依赖的洛克定理实际上所表达的是一个信念的辩护问题，承担这一任务的是各种"确证理论"（confirmation theory）。而归纳悖论是关于归纳

---

① Kyburg H., *Probability and the Logic of Rational Belief*, Middletown: Wesleyan University Press, 1961: 197–199.

② Makinson D. C., "The Paradox of the Preface", *Analysis*, No.25, 1965: 205–207.

确证的悖论，从这个意义上讲，前述彩票悖论也是一个归纳悖论。此外，归纳悖论还包括乌鸦悖论[①]和绿蓝悖论[②]，它们也是严格意义的逻辑悖论[③]，也属于哲学认知悖论。

哲学认知悖论的另一重要成员是可知性悖论（Knowability Paradox）。哲学中的反实在论将真理看作是一个认知概念，从这一基本观点可以推导出：所有真理都是可知的。用符号表达为：$\forall\varphi(\varphi\to\Diamond K\varphi)$，简记为 A。另一方面，对于日常生活中正常的理性人来说，都不是全能的，因此对于这些人来说：并非所有真理都是知道的。用符号表达为：$\neg\forall\varphi(\varphi\to K\varphi)$，简记为 B。也就是说，A 与 B 是所有反实在论者组成的认知共同体的公共信念。以它们为前提，可以在一个较弱的模态逻辑系统当中（只需基本的一阶逻辑和模态逻辑）做如下逻辑推导：

（1）$K(\varphi\wedge\neg K\varphi)$	假设
（2）$K\varphi\wedge K\neg K\varphi$	（1）知识对合取的分配原则
（3）$K\varphi\wedge\neg K\varphi$	（2）知识定义与基础逻辑
（4）$\neg K(\varphi\wedge\neg K\varphi)$	归谬（消去假设）
（5）$\Box\neg K(\varphi\wedge\neg K\varphi)$	（4）必然化规则
（6）$\neg\Diamond K(\varphi\wedge\neg K\varphi)$	（6）必然与可能的关系
（7）$\forall\varphi(\varphi\to\Diamond K\varphi)$	前提 A
（8）$\varphi\to\Diamond K\varphi$	（7）$\forall_-$
（9）$(\varphi\wedge\neg K\varphi)\to\Diamond K(\varphi\wedge\neg K\varphi)$	（8）替换
（10）$\neg(\varphi\wedge\neg K\varphi)$	（4）（9）基础逻辑
（11）$\varphi\to K\varphi$	（10）基础逻辑
（12）$\forall\varphi(\varphi\to K\varphi)$	（11）$\forall_+$

（12）与 B 矛盾。该悖论的基本思想起源于 1945 年丘奇（A. Church）的一个简单论证，但最早是费奇（F. B. Fitch）于 1963 年发表的[④]，因此又称为"丘奇-费奇悖论"（Church-Fitch Paradox）。值得注意的是，对于可知

---

① Hempel C. G., "Studies in the Logic of Confirmation (I)", *Mind*, No.54, 1945: 1–26.

② Goodman N., *Fact, Fiction, and Forecast*, Cambridge: Harvard University Press, 1983: 74.

③ 顿新国：《确证难题的逻辑研究》，北京：中国社会科学出版社，2019 年，第43–56页。

④ Fitch F. B., "A Logical Analysis of Some Value Concepts", *Journal of Symbolic Logic*, No.28, 1963: 135–142.

性悖论是否是一个悖论，是学界争论的一个问题。比如，威廉姆森就认为，它并不是一个真正的悖论，理由在于"存在不可知真理这一结论，是各种哲学理论面对的问题，而并不是常识需要面对的问题"①。显然，根据本文所认同的悖论定义，威廉姆森所理解的悖论只是我们这里的狭义逻辑悖论。也就是说，在他看来，广义逻辑悖论并不是悖论。根据以上建构，可知性悖论满足三要素，因此是一个货真价实的逻辑悖论，并且它属于哲学悖论的范畴。另外，在可知性悖论的建构过程当中所使用的命题（或者语句）$\varphi \wedge \neg K\varphi$ 被称为"费奇型句"，与著名的摩尔语句 $p \wedge \neg Bp$ 显然是同构的。因此，可知性悖论与摩尔悖论（Moore's Paradox）②有着深层次的关联，而摩尔悖论又是一大批认知疑难产生的根源所在。也就是说，可知性悖论构成了广义认知悖论同更"泛"意义上的认知悖论之间联系的直接纽带。

三、小结

根据以上辨析和梳理，广义认知悖论是本质上涉及"知识"或"信念"等认识论概念、并且同时满足构成逻辑悖论"三要素"的悖论谱系。"知识"当然是认识论的核心概念。如前所述，狭义知道者悖论属于狭义逻辑悖论，而且本质涉及"知识"概念，其"背景知识"最少。这意味着狭义知道者悖论在整个广义认知悖论谱系当中，是悖论度最高的成员。因此，狭义知道者悖论构成广义认知悖论群落的轴心。这样，根据目前的研究趋势，在把握它们的贯通性机制的条件下给出一种以证立逻辑与情境语义学为核心，以把握有限理性人"信念的合理接受"之逻辑机制为宗旨的统一性的新型解悖方案，应该成为广义认知悖论研究的必由路径。这是因为，这两个悖论在两大系列中被认为"悖论度"最高，因而这样的方案在总体群落中也具有广泛的解题效应。

---

① Williamson T., *Knowledge and Its Limits*, Oxford: Oxford University Press, 2000: 271.

② 目前来看，根据本书所认同的悖论定义，摩尔悖论并不是一个严格的逻辑悖论，原因在于无法建立矛盾等价式，即不满足构成悖论的第二要素。

参考文献

（一）中文类

1. 著作

[1] 陈波：《逻辑哲学》，北京：北京大学出版社，2005年。

[2] 陈波：《悖论研究》，北京：北京大学出版社，2014年。

[3] 陈慕泽：《数理逻辑教程》，上海：上海人民出版社，2001年。

[4] 陈嘉明：《知识与确证——当代知识论引论》，上海：上海人民出版社，2003年。

[5] 陈晓平：《归纳逻辑与归纳悖论》，武汉：武汉大学出版社，1994年。

[6] 杜国平：《经典逻辑与非经典逻辑基础》，北京：高等教育出版社，2006年。

[7] 顿新国：《确证难题的逻辑研究》，北京：中国社会科学出版社，2019年。

[8] 付敏：《亚相容解悖方案研究》，北京：社会科学文献出版社，2021年。

[9] 刘叶涛：《克里普克名称理论研究》，北京：人民日报出版社，2006年。

[10] 斯蒂芬·里德：《对逻辑的思考——逻辑哲学导论》，李小五译，沈阳：辽宁教育出版社，1983年。

[11] 夏素敏：《道义悖论研究初探》，北京：中国社会科学出版社，2012年。

[12] 张家龙：《模态逻辑与哲学》，北京：中国社会出版社，2003年。

[13] 张建军：《逻辑悖论研究引论》，南京：南京大学出版社，2002年。

[14] 张建军：《逻辑悖论研究引论（修订本）》，北京：人民出版社，2014年。

[15] 张建军，黄展骥：《矛盾与悖论新论》，石家庄：河北教育出版社，1998年。

[16] 张建军：《科学的难题——悖论》，杭州：浙江科学技术出版社，1990年。

[17] 张建军：《在逻辑与哲学之间》，中国社会科学出版社，2013年。

[18] 张建军等：《当代逻辑哲学前沿问题研究》，北京：人民出版社，2014年。

[19] 张清宇：《逻辑哲学九章》，南京：江苏人民出版社，2004年。

[20] 周北海：《模态逻辑导论》，北京：北京大学出版社，1997年。

[21] 周昌乐：《认知逻辑导论》，北京：清华大学出版社，2001年。

[22] 邹崇理：《逻辑、语言和信息》，北京：人民出版社，2002年。

2. 论文

［1］陈慕泽:《不可能知道的真理——从一个"认知悖论"谈起》,《中国人民大学学报》2004 年第 2 期。

［2］顿新国:《彩票悖论的一个强贝耶斯型解决方案》,《华中科技大学学报（社会科学版）》2009 年第 6 期。

［3］谷飙,任晓明:《"知道者悖论"的博弈论分析》,《自然辩证法通讯》2008 年第 6 期。

［4］胡翌霖:《对"突然演习悖论"的分析》,《重庆工学院学报（社会科学版）》2007 年第 6 期。

［5］李大强:《知道者悖论与"知道"的语义分析》,《自然辩证法通讯》2002 年第 5 期。

［6］刘东:《克里普克论知识悖论》,《自然辩证法研究》2012 年第 9 期。

［7］刘叶涛:《"信念之谜"及其意向性分析》,《学海》2010 年第 1 期。

［8］马佩:《"可知性悖论"、"突击考查悖论"试解》,《河南大学学报（社会科学版）》2005 年第 1 期。

［9］沈跃春:《认知悖论及其逻辑问题》,《学术界》2002 年第 5 期。

［10］王左立:《可知性悖论及其解决方案》,《中共郑州市委党校学报》2004 年第 1 期。

［11］张建军:《论作为语用学概念的"逻辑悖论"》,《江海学刊》2001 年第 6 期。

［12］张建军:《广义逻辑悖论研究及其社会文化功能论纲》,《哲学动态》2005 年第 11 期。

［13］张建军:《逻辑行动主义方法论构图》,《学术月刊》2008 年第 8 期。

［14］张建军:《走向一种层级分明的"大逻辑观"——"逻辑观"两大论争的回顾与反思》,《学术月刊》2011 年第 11 期。

［15］张建军,王习胜:《论当代悖论研究的基本群落及其整体性发展趋势》,《湖南科技大学学报（社会科学版）》2017 年第 6 期。

［16］张建军:《再论"广义逻辑悖论"的基本构成要素——兼答陈波、王天恩教授》,《南国学术》2018 年第 1 期。

［17］张铁声:《"刽子手悖论"之消解》,《晋阳学刊》2006 年第 1 期。

［18］张远山:《"考试悖论"试解》,《书屋》2003 年第 11 期。

3. 学位论文

［1］陈晓华:《逻辑全能问题研究》,南京大学 2008 年博士学位论文。

［2］顿新国:《归纳悖论研究》,南京大学 2005 年博士学位论文。

［3］付敏:《"真矛盾论"与悖论——普里斯特亚相容解悖方案研究》，南京大学 2009 年博士学位论文。

［4］李莉:《合理行动悖论研究》，南京大学 2010 年博士学位论文。

［5］夏素敏:《道义悖论研究》，南京大学 2006 年博士学位论文。

（二）外文类

1. 著作

［1］Aristotle, *Metaphysics*, Ross W. D.(trans.), Oxford: Clarendon Press, 1908.

［2］Barwise J. and Etchemendy J., *The Liar: An Essay on Truth and Circularity*, New York: Oxford University Press, 1987.

［3］Boh I., *Epistemic Logic in the Later Middle Ages*, London: Routledge, 1993.

［4］Boolos G., *The Logic of Provability*, Cambridge: Cambridge University Press, 1993.

［5］Buridan J., *Sophisms on Meaning and Truth*, Scott T. K.(trans.), New York: Meredith Publishing Company, 1966.

［6］Erickson G. W. and Fossa J. A., *Dictionary of Paradox*, Maryland: University Press of America, 1998.

［7］Fagin R., Halpern J. Y., Moses Y. and Vardi M. Y., *Reasoning about Knowledge*, Cambridge: The MIT Press, 2003.

［8］Frege G., *Foundations of Arithmetic*, Austin J. L. (trans.), Evanston: Northwestern University Press, 1978.

［9］Gabbay D., *Labelled Deductive Systems*, New York: Oxford University Press, 1996.

［10］Gödel K., *Kurt Gödel Colledted Works(Volume. I)*, Feferman S. et al. (eds.), Oxford: Oxford University Press, 1986.

［11］Gödel K., *Kurt Gödel Collected Works(Volume. III)*, Feferman S. et al. (eds.), Oxford: Oxford University Press, 1995.

［12］Goodman N., *Fact, Fiction, and Forecast*, Cambridge: Harvard University Press, 1983.

［13］Green M. S., Williams J. N., *Moore's Paradox: New Essays on Belief, Rationality, and the First Person*, New York: Oxford University Press, 2007.

［14］Gupta A., Belnap N., et al., *The Revision Theory of Truth*, Cambridge: The MIT Press, 1993.

［15］Harman G., *Thought*, Princeton: Princeton University Press, 1973.

［16］Hawthorne J., *Knowledge and Lotteries*, Oxford: Clarendon Press, 2004.

［17］Hintikka J., *Knowledge and Belief: An Introduction to the Logic of the Two Notions*, Ithaca: Cornell University Press, 1962.

［18］Koons R. C., *Paradoxes of Belief and Strategic Rationality*, Cambridge: Cambridge University Press, 1992.

［19］Kripke S. A., *Philosophical Troubles: Collected Papers*, Oxford: Oxford University Press, 2011.

［20］Kvanvig J. L., *The Knowability Paradox*, New York: Oxford University Press, 2006.

［21］Kyburg H., *Probability and the Logic of Rational Belief*, Middletown: Wesleyan University Press, 1961.

［22］Locke J., *An Essay Concerning Human Understanding*, Woolhoues R. (eds.), London: Penguin Group, 1997.

［23］Łukowski P., *Paradoxes*, Berlin: Springer, 2011.

［24］Malcolm N., *Ludwig Wittgenstein: A Memoir*, London: Oxford University Press, 1958.

［25］Olin D., *Paradox*, Chesham: Acumen Publishing Limited, 2003.

［26］Quine W. V., *The Ways of Paradox and Other Essays*, Cambridge: Harvard University Press, 1976.

［27］Quine W. V., *The Time of My Life*, Cambridge: MIT Press, 1985.

［28］Rescher N., *Paradoxes, Their Roots, Range, and Resolution*, Chicago: Open Court Publishing Company, 2001.

［29］Sainsbury R. M., *Paradoxes (3rd ed)*, Cambridge: Cambridge University Press, 2009.

［30］Salerno J., *New Essays on the Knowability Paradox*, New York: Oxford University Press, 2009.

［31］Sorensen R. A., *Blindspots*, Oxford: Oxford University Press, 1988.

［32］Troelstra A. S. and van Dalen D., *Constructivism in Mathematics: An Introduction (Volume II)*, New York: Elsevier Science Publishers, 1988.

［33］Williamson T., *Vagueness*, London: Routledge, 1994.

［34］Williamson T., *Knowledge and Its Limits*, Oxford: Oxford University Press, 2000.

［35］Wolgast E. H., *Paradoxes of Knowledge*, Ithaca and London: Cornell University Press, 1977.

〔36〕Zhang Jianjun, "A Study of the Definition of 'Logical Paradox'", 载林正弘主编:《逻辑与哲学》, 台湾: 学富文化事业有限公司, 2009 年。

2. 论文

〔1〕Alexander P., "Pragmatic Paradoxes", *Mind*, No.59, 1950.

〔2〕Anderson C. A., "The Paradox of the Knower", *The Journal of Philosophy*, No.80, 1983.

〔3〕Artemov S., "Operations on Proofs that can be Specified by Means of Modal Logic", in Zakharyaschev M., Segerberg K., de Rijke M. and Wansing H.(eds.), *Advances in Modal Logic(Volume 2)*, CSLI Lecture Notes 119, CSLI Publications, Stanford University, 2001.

〔4〕Artemov S., "Provability Logic", in Blackburn P., van Benthem J. and Wolter F. (eds.), *Handbook of Modal Logic*, Amsterdam: Elsevier Science Publications, 2007.

〔5〕Artemov S., "Justification Logic", Technical Report TR−2007019, CUNY Ph.D. Program in Computer Science, The City University of New York, 2007.

〔6〕Artemov S., "Operational Modal Logic", Technical Report MSI95−29, Cornell University, 1995.

〔7〕Asher N. and Kamp H., "The Knower's Paradox and the Logics of Attitudes", The *Summer Meeting of the Association for Symbolic Logic*, 1985.

〔8〕Asher N. and Kamp J., "The Knower's Paradox and Representational Theories of Attitudes", *Theoretical Aspects of Reasing about Knowledge*, Halpern J. Y.(eds.), Los Altos, Calif: morgan Kaufmann, 1986.

〔9〕Asher N. and Kamp H., "Self-reference, attitudes and paradox", in Chierchia G., Partee B., and Turner R.(eds.), *Properties, Types and Meaning(Volume I)*, *Foundational Issues*, Dordrecht: Kluwer Academic Publisher, 1989.

〔10〕Austin A. K., "On the Unexpected Examination", *Mind*, No.78, 1969.

〔11〕Austin A. K., "The Unexpected Examination", *Analysis*, No.39, 1979.

〔12〕Ayer A. J., "On a Supposed Antinomy", *Mind*, No.82, 1973.

〔13〕Bäuerle R. and Cresswell M. J., "Propositional Attitudes", in Gabbay D. and Guenthner F.(eds.), *Handbook of Philosophical Logic(2nd) (volume 10)*, Dordrecht: Springer Netherlands, 2003.

〔14〕Beall J. C., "Fitch's proof, Verificationism, and the Knower Paradox", *Australasian Journal of Philosophy*, No.78, 2000.

〔15〕Binkley R., "The Surprise Examination in Modal Logic", *The Journal of*

Philosophy, No.65, 1968.

［16］Borwein D., Borwein J. M. and Marechal P., "Surprise Maximization", *The American Mathematical Monthly*, No.107, 2000.

［17］Bovens L., "The Backward Induction Argument for the Finite Iterated Prisoner's Dilemma and the Surprise Exam Paradox", *Analysis*, No.57, 1997.

［18］Burge T., "Buridan and Epistemic Paradox", *Philosophical Studies*, No.34, 1978.

［19］Burge T., "Epistemic Paradox", *The Journal of Philosophy*, No.81, 1984.

［20］Cargile J., "The Surprise Test Paradox", *Journal of Philosophy*, No.64, 1967.

［21］Cave P., "Reeling and A-Reasoning: Surprise Examinations and Newcomb's Tale", *Philosophy*, No.79, 2004.

［22］Champlin T. S., "Quine's Judge", *Philosophical Studies*, No.29, 1976.

［23］Chapman J. M. and Butler R. J., "On Quine's 'So-Called Paradox'", *Mind*, No.74, 1965.

［24］Chihara C. S., "Olin, Quine, and the Surprise Examination", *Philosophical Studies*, No.47, 1985.

［25］Chow T. Y., "The Surprise Examination or Unexpected Hanging Paradox", *The American Mathematical Monthly*, No.105, 1998.

［26］Clark D., "How Expected Is the Unexpected Hanging?", *Mathematics Magazine*, No.67, 1994.

［27］Cohen L. J., "Mr. O'Connor's 'Pragmatic Paradoxes'", *Mind*, No.59, 1950.

［28］Cross C. B., "A Theorem Concerning Syntactical Treatments of Nonidealized Belief", *Synthese*, No.129, 2001.

［29］Cross C. B., "More on the Paradox of the Knower without Epistemic Closure", *Mind*, No.113, 2004.

［30］Cross C. B., "The Paradox of the Knower without Epistemic Closure", *Mind*, No.110, 2001.

［31］Cummins D. D., "Evidence for the Innateness of Deontic Reasoning", *Mind and Language*, Vol. II, No. 2, 1996.

［32］Dean W. and Kurokawa H., "Knowledge, Proof and the Knower", *Theoretical Aspects of Rationality and Knowledge. Proceedings of the Twelfth Conference (On Theoretical Aspects of Rationality and knowledge 2009)*, 2009.

［33］Dean W., "Montague's Paradox, Informal Provability, and Explicit Modal Logic", *Notre Dame Journal of Formal Logic*, No.55, 2014.

〔34〕Dean W. and Kurokawa H., "The Paradox of the Knower Revisited", *Annals of Pure and Applied Logic*, No.165, 2014.

〔35〕Dietl P., "The Surprise Examination", *Educational Theory*, No.23, 1973.

〔36〕Dokic J. and Egré P., "Margin for Error and the Transparency of Knowledge", *Synthese*, No.166, 2009.

〔37〕Duc H. N., "Reasoning about Rarional, but not Logically Omniscient, Agents", *Journal of Logic and Computation*, No.5, 1997.

〔38〕Ebersole F. B., "The Definition of 'Pragmatic Paradox'", *Mind*, No.62, 1953.

〔39〕Edgington D., "Williamson on Iterated Attitudes", in Smiley T.(eds.), *Philosophical Logic*, New York: Oxford University Press, 1998.

〔40〕Égré P., "The Knower Paradox in the Light of Provability Interpretations of Modal Logic", *Journal of Logic, Language and Information*, No.14, 2005.

〔41〕Elga A., "Self-Locating Belief and the Sleeping Beauty Problem", *Analysis*, No.60, 2000.

〔42〕Feldman F., "The Paradox of the Knower", *Philosophical Studies*, No.55, 1989.

〔43〕Ferguson K. G., "Equivocation in the Surprise Exam Paradox", *Southern Journal of Philosophy*, No.29, 1991.

〔44〕Ferreira J. L. and Bonilla J. Z., "The Surprise Exam Paradox, Rationality, and Pragmatics: A Simple Game-Theoretic Analysis", *Journal of Economic Methodology*, No.15, 2008.

〔45〕Fitch F. B., "A Göedelized Formulation of the Prediction Paradox", *American Philosophical Quarterly*, No.1, 1964.

〔46〕Fitch F. B., "A Logical Analysis of Some Value Concepts", *Journal of Symbolic Logic*, No.28, 1963.

〔47〕Fitting M., "Quantified LP", Technical Report, CUNY Ph.D. Program in Computer Science Technical Report TR-2004019, 2004.

〔48〕Foley R., "The Epistemology of Belief and the Epistemology of Degrees of Belief", *American Philosophical Quarterly*, No.29, 1992.

〔49〕Franceschi P., "A Dichotomic Analysis of the Surprise Examination Paradox", *Philosophiques*, No.32, 2005.

〔50〕Fulda J. S., "The Paradox of the Surprise Test", *The Mathematical Gazette*, No.75, 1991.

〔51〕Gerbrandy J., "The Surprise Examination in Dynamic Epistemic Logic", *Synthese*, No.155, 2007.

［52］Gettier E. L., "Is Justified True Belief Knowledge", *Analysis*, No.23, 1963.

［53］Gilboa I. and Schmeidler D., "Information Dependent Games: Can Common Sense Be Common Knowledge?", *Economics Letters*, No.27, 1988.

［54］Gochet P., Gribomont P., "Epistemic Logic", in Gabbay D. M. and Woods J. (eds.), *Handbook of History of Logic (Volume 7)*, Amsterdam: Elsevier Science, 2006.

［55］Greco D., "Could KK be Ok?", *The Journal of Philosophy*, No.111, 2014.

［56］Grim P., "Truth, Omniscience, and the Knower", *Philosophical Studies*, No.54, 1988.

［57］Grim P., "Operators in the Paradox of the Knower", *Synthese*, No.94, 1993.

［58］Gupta A., "Truth and Paradox", *Journal of Philosophical Logic*, No.11, 1982.

［59］Hales S. D., "Epistemic Closure Principles", *The Southern Journal of Philosophy*, No.33, 1995.

［60］Hall N., "How to Set a Surprise Exam", *Mind*, No.108, 1999.

［61］Halpern J. Y. and Moses Y., "Taken by Surprise: The Paradox of the Surprise Test Revisited", *Journal of Philosophical Logic*, No.15, 1986.

［62］Hansson S. O., "The Paradox of the Believer", *Philosophia*, No.21, 1991.

［63］Harrison C., "The Unexpected Examination in View of Kripke's Semantics for Modal Logic", in Davis J. W. et al.(eds.), *Philosophical Logic*, Holland: Reidel, 1969.

［64］Hart W. D. and McGinn C., "Knowledge and Necesstiy", *Journal of Philosophical Logic*, No.5, 1976.

［65］Hempel C. G., "Studies in the Logic of Confirmation (I)", *Mind*, No.54, 1945.

［66］Hintikka J., "'Knowing that One Knows' Reviewed", *Synthese*, No.21, 1970.

［67］Holtzman J. M., "A Note on Schrödinger's Cat and the Unexpected Hanging Paradox", *The British Journal for the Philosophy of Science*, No.39, 1988.

［68］Holtzman J. M., "An Undecidable Aspect of the Unexpected Hanging Problem", *Philosophia*, No.17, 1987.

［69］Janaway C., "Knowing About Surprises: A Supposed Antinomy Revisited", *Mind*, No.98, 1989.

［70］Jongeling T. B. and Koetsier T., "Blindspots, Self-Reference and the Prediction Paradox", *Philosophia*, No.29, 2002.

［71］Kiefer J. and Ellison J., "The Prediction Paradox Again", *Mind*, No.74, 1965.

［72］Kirkham R. L., "On Paradoxes and a Surprise Exam", *Philosophia*, No.21, 1991.

［73］Kirkham R. L., "The Two Paradoxes of the Unexpected Examination",

Philosophical Studies, No.49, 1986.

［74］Kramer M. H., "Another Look at the Problem of the Unexpected Examination", *Dialogue: Canadian Philosophical Review*, No.38, 1999.

［75］Kripke S. A., "Outline of a Theory of Truth", *The Journal of Philosophy*, No.72, 1975.

［76］Kripke S. A., "A Puzzle about Belief", in Margalit A.(eds.), *Meaning and Use*, Dordrecht: Reidel, 1979.

［77］Lee B. D., "The Knower Paradox Revisited", *Philosophical Studies*, No.98, 2000.

［78］Lenzen W., "Doxastic Logic and the Burge-Buridan-Paradox", *Philosophical Studies*, No.39, 1981.

［79］Lenzen W., "Epistemic Logic", in Niiniluoto I., Sintonen M. and Woleński J. (eds.), *Handbook of Epistemology*, Dordrecht: Kluwer Academmic Publisher, 2004.

［80］Levy K., "The Solution to the Surprise Exam Paradox", *The Southern Journal of Philosophy*, No.47, 2009.

［81］Lyon A., "The Prediction Paradox", *Mind*, No.68, 1959.

［82］Makinson D. C., "The Paradox of the Preface", *Analysis*, No.25, 1965.

［83］Maitzen S., "The Knower Paradox and Epistemic Closure", *Synthese*, No.114, 1998.

［84］Marcoci A., "The Surprise Examination Paradox in Dynamic Epistemic Logic", M. Sc. Thesis, University of Amsterdam, 2010.

［85］Margalit A. and Bar-Hillel M., "Expecting the Unexpected", *Philosophia*, No.13, 1983.

［86］McClelland J. and Chihara C., "The Surprise Examination Paradox", *Journal of Philosophical Logic*, No.4, 1975.

［87］McClelland J., "Epistemic Logic and the Paradox of the Surprise Examination", *International Logic Review*, No.3, 1971.

［88］McKinsey J. C. C. and Tarski A., "Some Theorem about the Sentential Calculi of Lewis and Heyting", *The Journal of Symbolic Logic*, No.13, 1948.

［89］Medlin B., "The Unexpected Examination", *American Philosophical Quarterly*, No.1, 1964.

［90］Meltzer B. and Good I. J., "Two Forms of the Prediction Paradox", *The British Journal for the Philosophy of Science*, No.16, 1965.

［91］Meltzer B., "The Third Possibility", *Mind*, No.73, 1964.

〔92〕Miller D., "A Paradox of Information", *British Journal for the Philosophy of Science*, No.17, 1966.

〔93〕Montague R. and Kaplan D., "A Paradox Regained", *Notre Dame Journal of Formal Logic*, No.1, 1960.

〔94〕Montague R., "Semantical Closure and Non-Finite Axiomatizability I", in *Infinitistic Methods*, 1961.

〔95〕Montague R., "Syntactical Treatments of Modality, with Corollaries on Reflection Principle and Finite Axiomatizability", *Acta Philosophica Fennica*, No.16, 1963.

〔96〕Moore G. E., "A Reply to My Critics", in Schilpp P. (eds.), *The Philosophy of G. E. Moore*, La Salle, Ill inois: Open Court Publishing Company, 1942.

〔97〕Nerlich G. C., "Unexpected Examinations and Unprovable Statements", *Mind*, No.70, 1961.

〔98〕Oaksford M. and Chater N., "A Rational Analysis of the Selection Task as Optimal Data Selection", *Psychological Review*, No.101, 1994.

〔99〕O'Connor D., "Pragmatic Paradoxes", *Mind*, No.57, 1948.

〔100〕O'Connor D., "Pragmatic Paradoxes and Fugitive Propositions", *Mind*, No.60, 1951.

〔101〕Øhrstrøm P., Gram-Hansen L. B. and Ulrik Sandborg-Petersen, "Time and Knowledge: Some reflections on Prior's analysis of the paradox of the prisoner", *Synthese*, No. 188, 2012.

〔102〕Olin D., "Predictions, Intentions and the Prisoner's Dilemma", *The Philosophical Quarterly*, No.38, 1988.

〔103〕Olin D., "The Prediction Paradox Resolved", *Philosophical Studies*, No.44, 1983.

〔104〕Olin D., "The Prediction Paradox: Resolving Recalcitrant Variations", *Australasian Journal of Philosophy*, No.64, 1986.

〔105〕Orlov I. E., "The Calculus of Compatibility of Propositions", *Matematicheskii Sbornik*, No.35, 1928.

〔106〕Perlis D., "Languages with Self-reference II: Knowledge, Belief and Modality", *Artificial Intelligence*, No.34, 1988.

〔107〕Poggiolesi F., "Three Solutions to the Knower Paradox", *Annali del Dipartimento di Filosofia (Nuova Serie)*, No.13, 2007.

〔108〕Prior A. N., "On a Family of Paradoxes", *Notre Dame Journal of Formal Logic*, No.2, 1961.

[109] Prior A. N., "The Paradox of the Prisoner in Logical Form", *Synthese*, No.188, 2012.

[110] Quine W. V., "Three Grades of Modal Involvement", *Proceedings of the XIth International Congress of Philosophy*, No.14, 1953.

[111] Quine W. V., "On a So-Called Paradox", *Mind*, No.62, 1953.

[112] Schoenberg J., "A Note on the Logical Fallacy in the Paradox of the Unexpected Examination", *Mind*, No.75, 1966.

[113] Scriven M., "Paradoxical Announcement", *Mind*, No.60, 1951.

[114] Shapiro S. C., "A Procedural Solution to the Unexpected Hanging and Sorites Paradoxes", *Mind*, No.107, 1998.

[115] Sharpe R. A., "The Unexpected Examination", *Mind*, No.74, 1965.

[116] Shaw R., "The Paradox of the Unexpected Examination", *Mind*, No.67, 1958.

[117] Skyrms B., "An Immaculate Conception of Modality or how to Confuse Use and Mention", *The Journal of Philosophy*, No.75, 1978.

[118] Slater B. H., "The Examiner Examined", *Analysis*, No.35, 1974.

[119] Smiley T., "The Logic Basis of Ethics", *Acta Philosophica Fennica*, No.16, 1963.

[120] Smith J. W., "The Surprise Examination on the Paradox of the Heap", *Philosophical Papers*, No.13, 1984.

[121] Smolensky P., "The Constituent Structure of Connectionist Mental States: A Reply to Fodor and Pylyshyn", *Southern Journal of Philosophy*, No.26, 1987.

[122] Sober E., "To Give a Surprise Exam, Use Game Theory", *Synthese*, No.115, 1998.

[123] Solovay R., "Provability Interpretations of Modal Logic", *Israel Journal of Mathematics*, No.25, 1976.

[124] Sorensen R. A., "A Strengthened Prediction Paradox", *The Philosophical Quarterly*, No.36, 1986.

[125] Sorensen R. A., "Conditional Blindspots and the Knowledge Squeeze: A Solution to the Prediction Paradox", *Australasian Journal of Philosophy*, No.62, 1984.

[126] Sorensen R. A., "The Bottle Imp and the Prediction Paradox(II)", *Philosophia*, No.17, 1987.

[127] Sorensen R. A., "The Bottle Imp and the Prediction Paradox", *Philosophia*, No.15, 1986.

[128] Sorenson R. A., "Recalcitrant Variations of the Prediction Paradox",

Australasian Journal of Philososphy, No.60, 1982.

［129］Stalnaker R., "On Hawthorne and Margidor on Assertion, Context, and Epistemic Accessibility", *Mind*, No.118, 2009.

［130］Tarski A., "The Semantic Conception of Truth and the foundation of semantics", *Philosophy and Phenomenological Research*, No.4, 1944.

［131］Tarski A., "The Concept of Truth in Formalized Languages", in *Logic, Semantics, Metamathematics*, Woodger J. H. (trans.), New York: Oxford University Press, 1956.

［132］Thomason R., "A Note on Syntactical Treatments of Modality", *Synthese*, No.44, 1980.

［133］Tomberlin J. E., "Obligation, Conditionals, and the Logic of Conditional Obligation", *Philosophical Studies*, No.55, 1989.

［134］Uzquiano G., "The Paradox of the Knower without Epistemic Closure?", *Mind*, No.113, 2004.

［135］Wason P. C., "Reasoning", in Foss B. M.(eds.), *New Horizons in Psychology(Volume 1)*, UK: Penguin Books, 1966.

［136］Weintraub R., "Practical Solutions to the Surprise-Examination Paradox", *Ratio*, No.7, 1995.

［137］Weiss P., "The Prediction Paradox", *Mind*, No.61, 1952.

［138］Williams J. N., "The Surprise Exam Paradox – Disentangling Two Reductios", *Journal of Philosophical Research*, No.32, 2007.

［139］Williamson T., "An Alternative Rule of Disjunction in Modal Logic", *Notre Dame Journal of Formal Logic*, No.33, 1992.

［140］Williamson T., "Inexact Knowledge", *Mind*, No. 101, 1992.

［141］Williamson T., "Iterated Attitudes", in Smiley T. (eds.), *Philosophical Logic*, New York: Oxford University Press, 1998.

［142］Windt P. Y., "The Liar in the Prediction Paradox", *American Philosophical Quarterly*, No.10, 1973.

［143］Wright C. and Sudbury A., "The Paradox of the Unexpected Examination", *Australasian Journal of Philosophy*, No.55, 1977.

［144］Wright J. A., "The Surprise Exam: Prediction on Last Day Uncertain", *Mind*, No.76, 1967.

［145］Yablo S., "Paradox without Self-reference", *Analysis*, No.53, 1993.

3. 电子文献

［1］Luper S., "The Epistemic Closure Principle", *Stanford Encyclopedia of Philosophy(Fall 2012 Edition)*, Edward N. Zalta(eds.), URL = <http://plato.stanford.edu/archives/fall2012/entries/closure-epistemic/>.

［2］Sorensen R. A., "Epistemic Paradoxes", *Stanford Encyclopedia of Philosophy (Spring 2022 Edition)*, Edward N. Zalta (eds.), URL=<http://plato.stanford.edu/archives/spr2022/entries/epistemic-paradoxes/>.

［3］FEW 2009 Schedule, URL=<http://www.fitelson.org/few/few_09/schedule.html>.